令人崇拜是有道理的！

燒杯君和

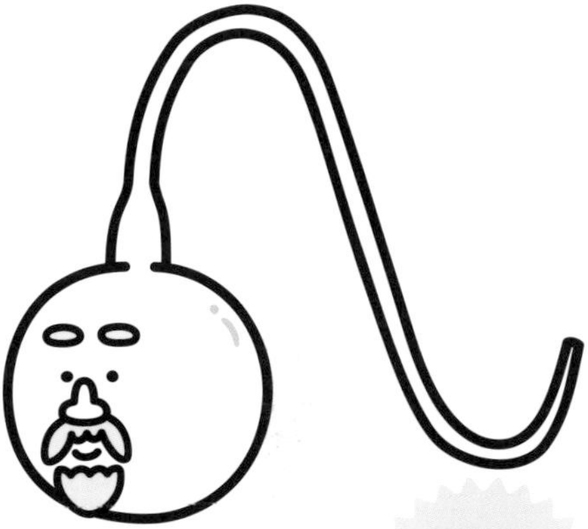

愉快的
實驗器材
博物館

他的
偉大前輩

Beaker-kun and Great senior

上谷夫婦 著　岡本拓司 監修
林詠純 譯

遠流

前言

謝謝你拿起這本書。我們是本書的作者——理科系插畫家上谷夫婦。

燒杯君這套書的起點，要回溯到２０１６年。第一本《燒杯君和他的夥伴》（２０１６年）介紹了實驗器材，第二本《燒杯君和他的化學實驗》（２０１８年）介紹了從小學到大學操作的各種化學實驗。而第三本就是這本書了，這次的主題是「令人崇拜的實驗器材」！我們畫了這麼多本，應該稱得上是「實驗器材的狂熱粉絲」了吧！（笑）

本書這回畫的是燒杯君和夥伴前往博物館，聽裡面的實驗器材前輩聊各種往事的故事。各個展示間裡的前輩，告訴燒杯君連他們也不知道的「器材誕生的祕密」與「當時大顯身手的模樣」；譬如「全世界最早製作pH廣用試紙的是日本企業！」或者「計算尺在全盛時期，一年賣出百萬把！」等。閱讀本書可以透過實驗器材認識科學的歷史，絕對會忍不住想要向別人炫耀。

博物館的展示間依照類別劃分，分別是「觀察」、「量測」、「計算」、「電力與磁力」、「真空與光」、「玻璃製」這六類。每位登場的前輩都個性鮮明，並在歷史上擁有重要地位。所以，不管哪個類別都很推薦，但如果非得舉出一個，我們會推薦「真空與光」，因為這個部分最難畫（笑）……雖然是半開玩笑，但如果有時間，請找找看哪一格畫起來最辛苦（提示是馬……答案呼之欲出了吧）。

各位中小學的朋友們，雖然大家已經聽膩了，但我們還是要強調，這本書並不是參考書，不過希望能讓你們感受到，科學其實建立在許多偉人的努力與實驗器材的活躍之上。這麼一來，在學校上理化課的時候，或許就能採取稍微不同的觀點。如果讀了本書之後，能夠對理化更有興趣，那就太好了。

這次多虧了擔任監修的岡本老師，以及繼上一本之後，再次幫我們寫專欄的山村先生、美術設計佐藤先生與編輯杉浦先生，讓我們再度完成了一本愉快的小書。

接下來，請帶著參觀博物館的心情閱讀本書吧！

上谷夫婦

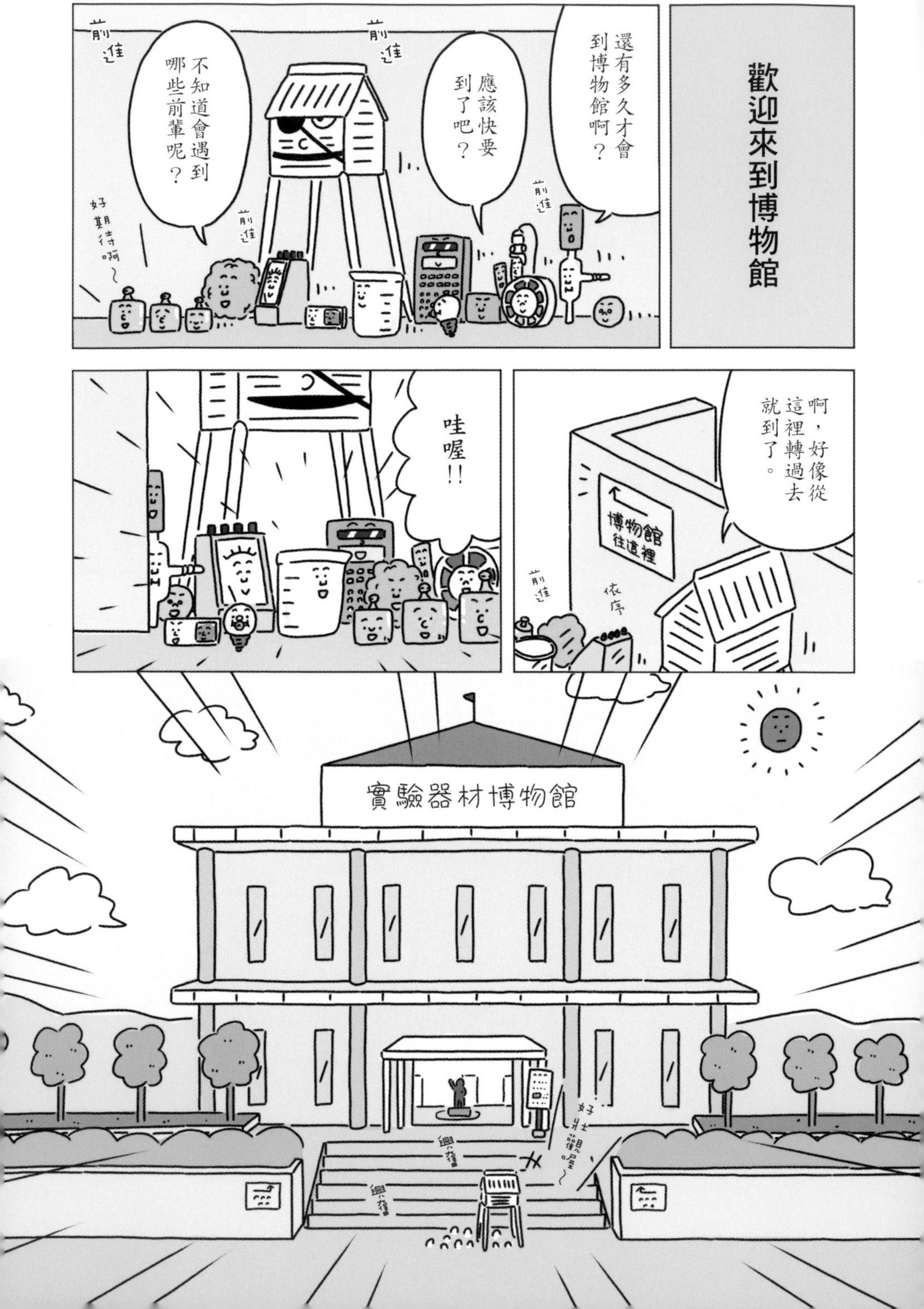
歡迎來到博物館
還有多久才會到博物館啊？
應該快要到了吧？
不知道會遇到哪些前輩呢？
前進
前進
前進
前進
好期待啊～
啊，好像從這裡轉過去就到了。
博物館往這裡
前進
依序
哇喔!!
實驗器材博物館
好壯觀喔～
興奮
興奮

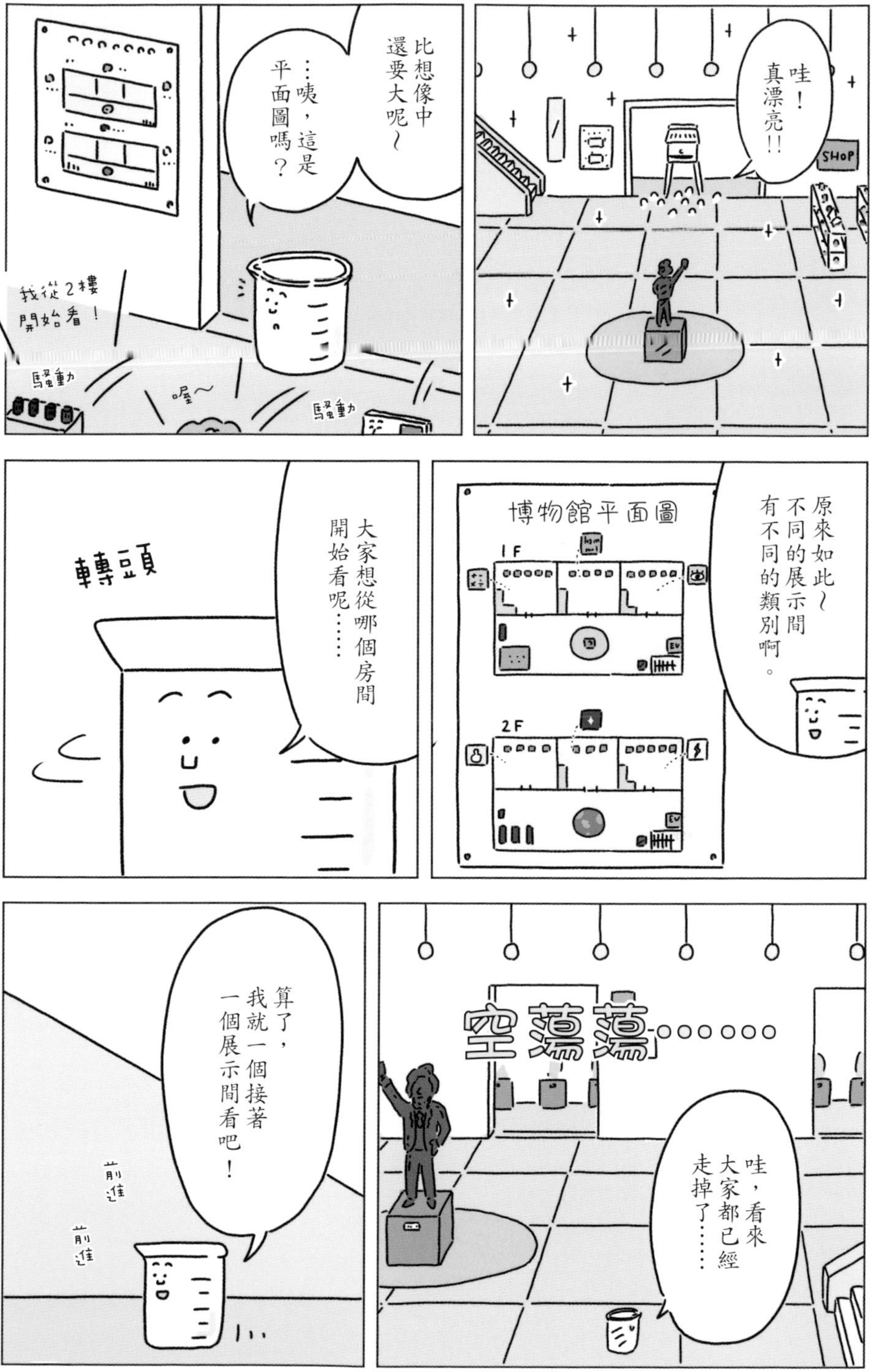

哇！真漂亮!!
SHOP
比想像中還要大呢～
…咦，這是平面圖嗎？
我從2樓開始看！
騷動
喔～
騷動
博物館平面圖
1F
EV
2F
EV
原來如此～不同的展示間有不同的類別啊。
轉頭
大家想從哪個房間開始看呢……
空蕩蕩……
哇，看來大家都已經走掉了……
算了，我就一個展示間接著看吧！
前進
前進

目錄

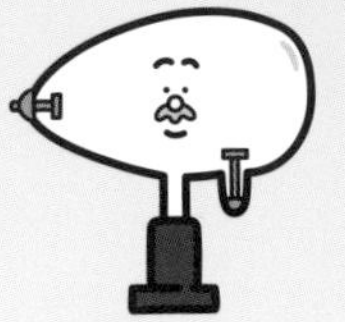

CHAPTER 5
真空與光的前輩

CHAPTER 6
玻璃製的前輩

〈Column：山村紳一郎〉

博物館平面圖

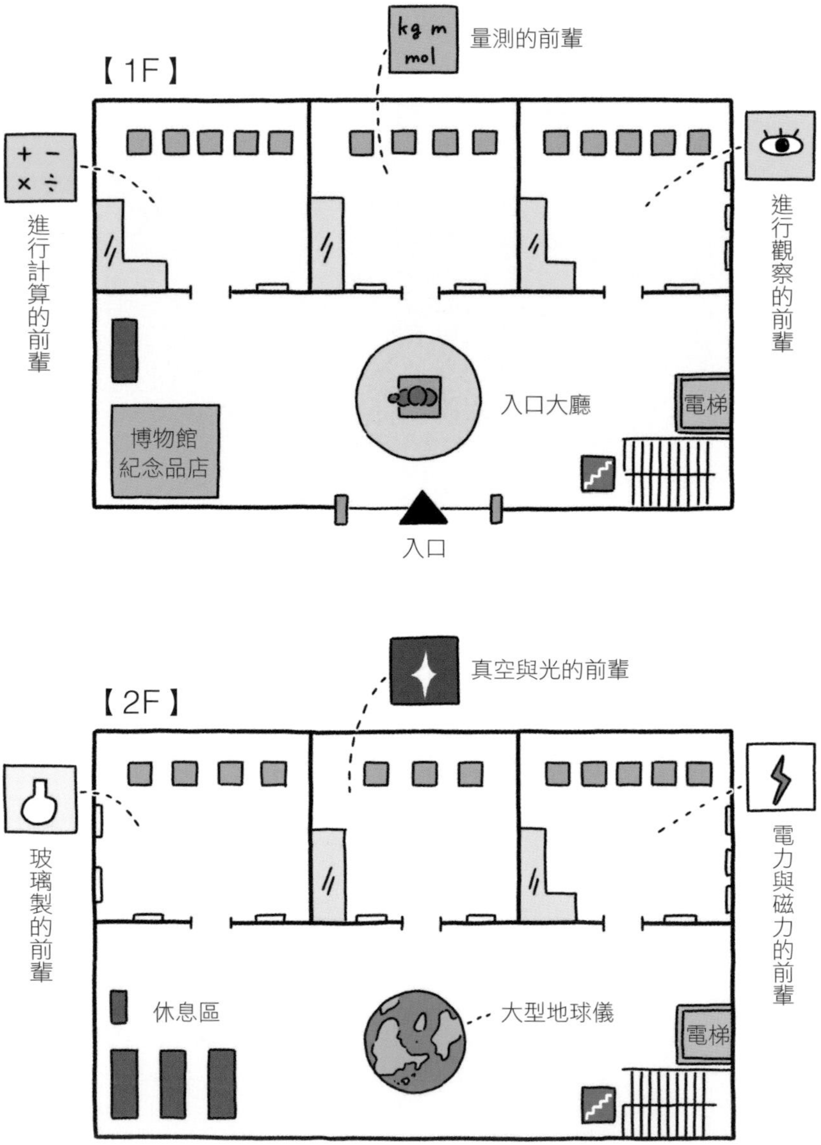
【1F】
kg m mol
量測的前輩
進行計算的前輩
進行觀察的前輩
入口大廳
電梯
博物館紀念品店
入口
【2F】
真空與光的前輩
玻璃製的前輩
電力與磁力的前輩
休息區
大型地球儀
電梯

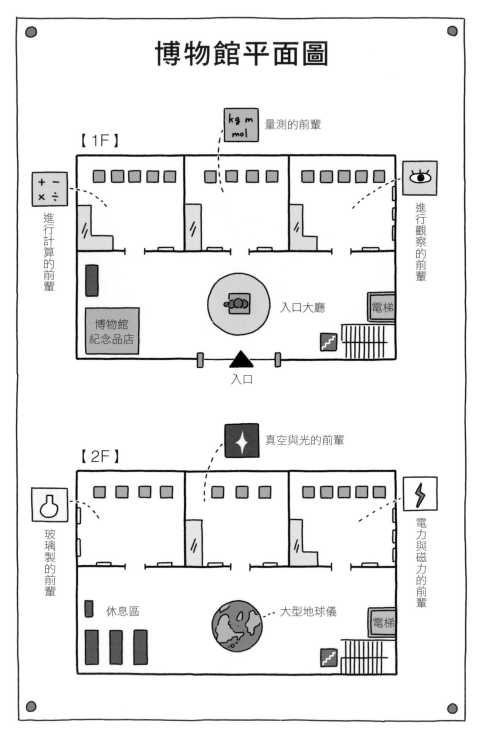

本回登場的
燒杯君的夥伴

標本君
（載玻片君和
蓋玻片君）

法碼 3 兄弟

pH 廣用試紙君
和他的盒子君

工程計算機器人

桌上型 pH 計君
和電極君

電壓計君

釹磁鐵君

小燈泡寶寶

水流抽氣君
和塑膠管君

燃燒前
鋼絲絨君

百葉箱老大

燒杯君

本書的閱讀方式

前輩的角色名稱

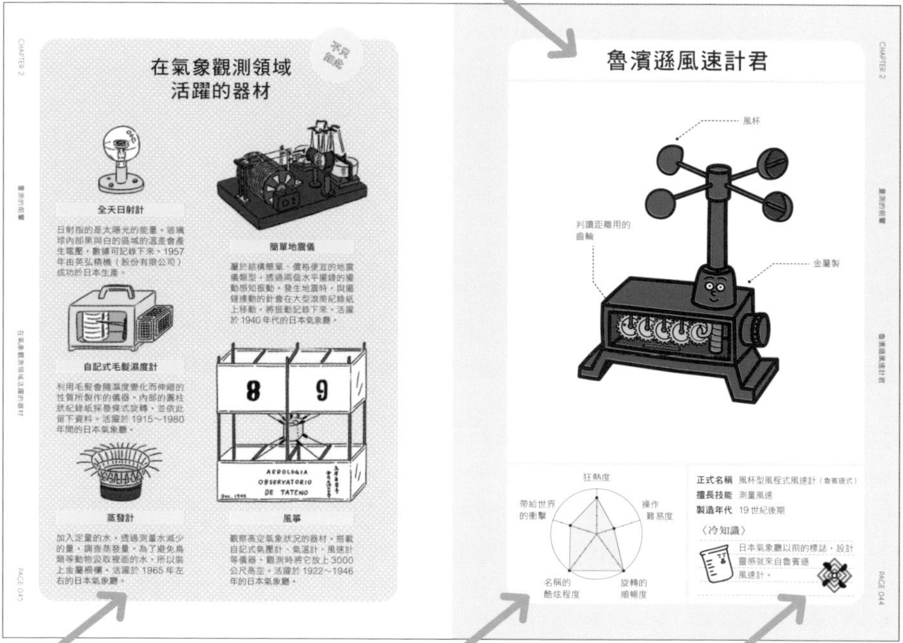

在氣象觀測領域
活躍的器材
全天日射計
日射指的是太陽光的能量。玻璃球內部黑與白的區域的溫差會產生電壓，數據可記錄下來。1957年由英弘精機（股份有限公司）成功於日本生產。
簡單地震儀
屬於結構簡單、價格便宜的地震儀類型，透過兩個水平擺錘的擺動感知振動。發生地震時，與擺錘連動的針會在大型滾筒紀錄紙上移動，將振動記錄下來。活躍於1940年代的日本氣象廳。
自記式毛髮濕度計
利用毛髮會隨濕度變化而伸縮的性質所製作的儀器。內部的圓柱狀紀錄紙採發條式旋轉，並依此留下資料。活躍於1915～1980年間的日本氣象廳。
蒸發計
加入定量的水，透過測量水減少的量，調查蒸發量。為了避免鳥類等動物汲取裡面的水，所以裝上金屬柵欄。活躍於1965年左右的日本氣象廳。
風箏
觀察高空氣象狀況的器材。搭載自記式氣壓計、氣溫計、風速計等儀器，觀測時將它放上3000公尺高空。活躍於1922～1946年的日本氣象廳。
AEROLOGIA
OBSERVATORIO
DE TATENO
PAGE 045
魯濱遜風速計君
風杯
判讀距離用的齒輪
金屬製
狂熱度
操作難易度
旋轉的順暢度
名稱的酷炫程度
帶給世界的衝擊
正式名稱 風杯型風程式風速計（魯賓遜式）
擅長技能 測量風速
製造年代 19世紀後期
〈冷知識〉
日本氣象廳以前的標誌，設計靈感就來自魯賓遜風速計。
PAGE 044

與角色相關的
小知識

來自作者獨斷與
偏見的雷達圖

透過五項指標來
評論各個角色。

冷知識

關於前輩的冷知識，知道的話可能很有用？

本書介紹燒杯君等實驗器材角色的前輩，並透過漫畫與圖鑑，講解他們誕生的祕密，以及讓他們的名字刻劃在歷史當中的偉大實驗。

對於特別著迷於某些前輩的讀者而言，這些前輩登場的形式與樣貌或許與想像中不同，但希望大家可以接納前輩的各種面貌。

CHAPTER 1

進行觀察的前輩

進行觀察的前輩

進行觀察的前輩

先從這裡開始。
燒杯君，這裡，這裡！
顯微鏡與望遠鏡

來了來了！
前進 前進

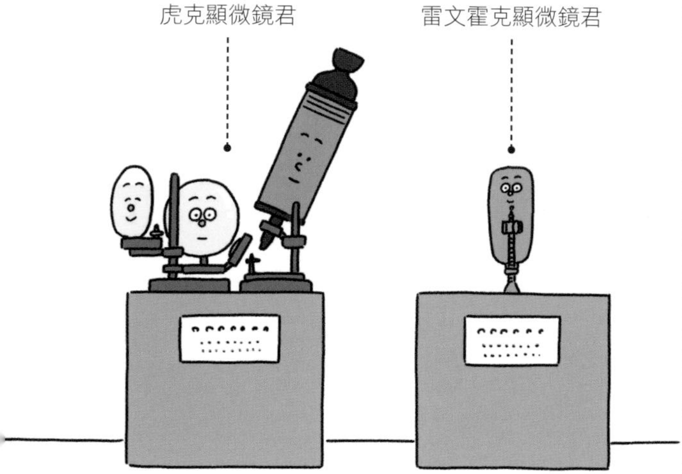
虎克顯微鏡君
雷文霍克顯微鏡君

嗚哇！
很厲害吧～
先進來的標本君

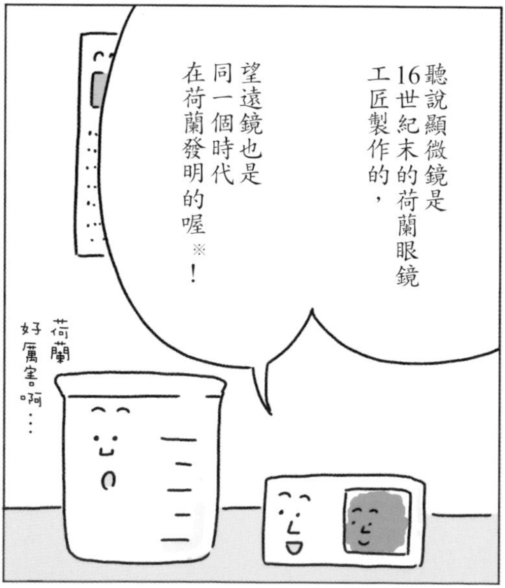
聽說顯微鏡是16世紀末的荷蘭眼鏡工匠製作的，望遠鏡也是同一個時代在荷蘭發明的喔※！
荷蘭好厲害啊⋯⋯

※也有一說認為，英國早在荷蘭之前就發明出來了。

進行觀察的前輩

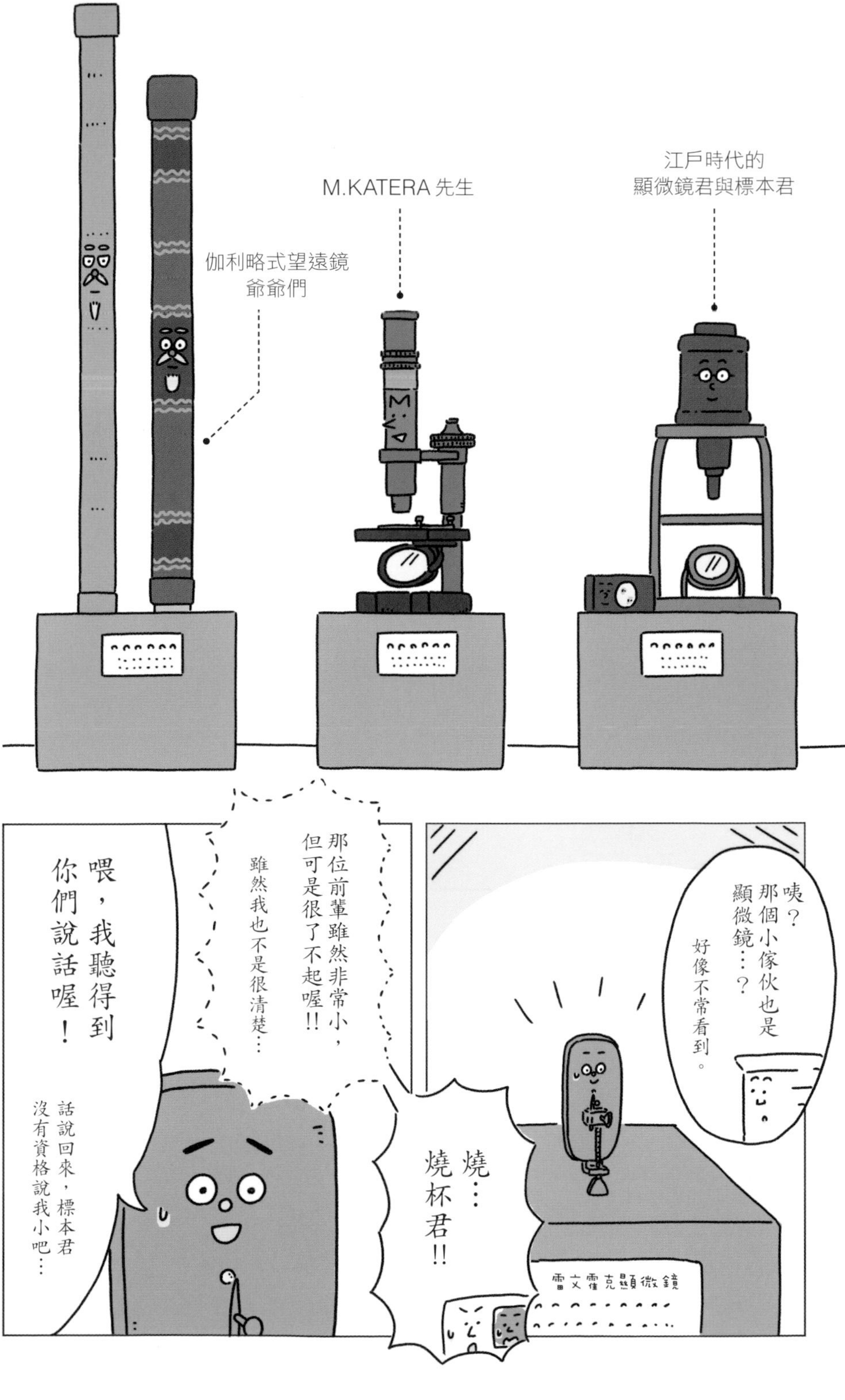

伽利略式望遠鏡爺爺們
M.KATERA 先生
江戶時代的顯微鏡君與標本君
咦？那個小傢伙也是顯微鏡…？
好像不常看到。
燒…燒杯君!!
雷文霍克顯微鏡
那位前輩雖然非常小，但可是很了不起喔!!
雖然我也不是很清楚…
喂，我聽得到你們說話喔！
話說回來，標本君沒有資格說我小吧…

進行觀察的前輩

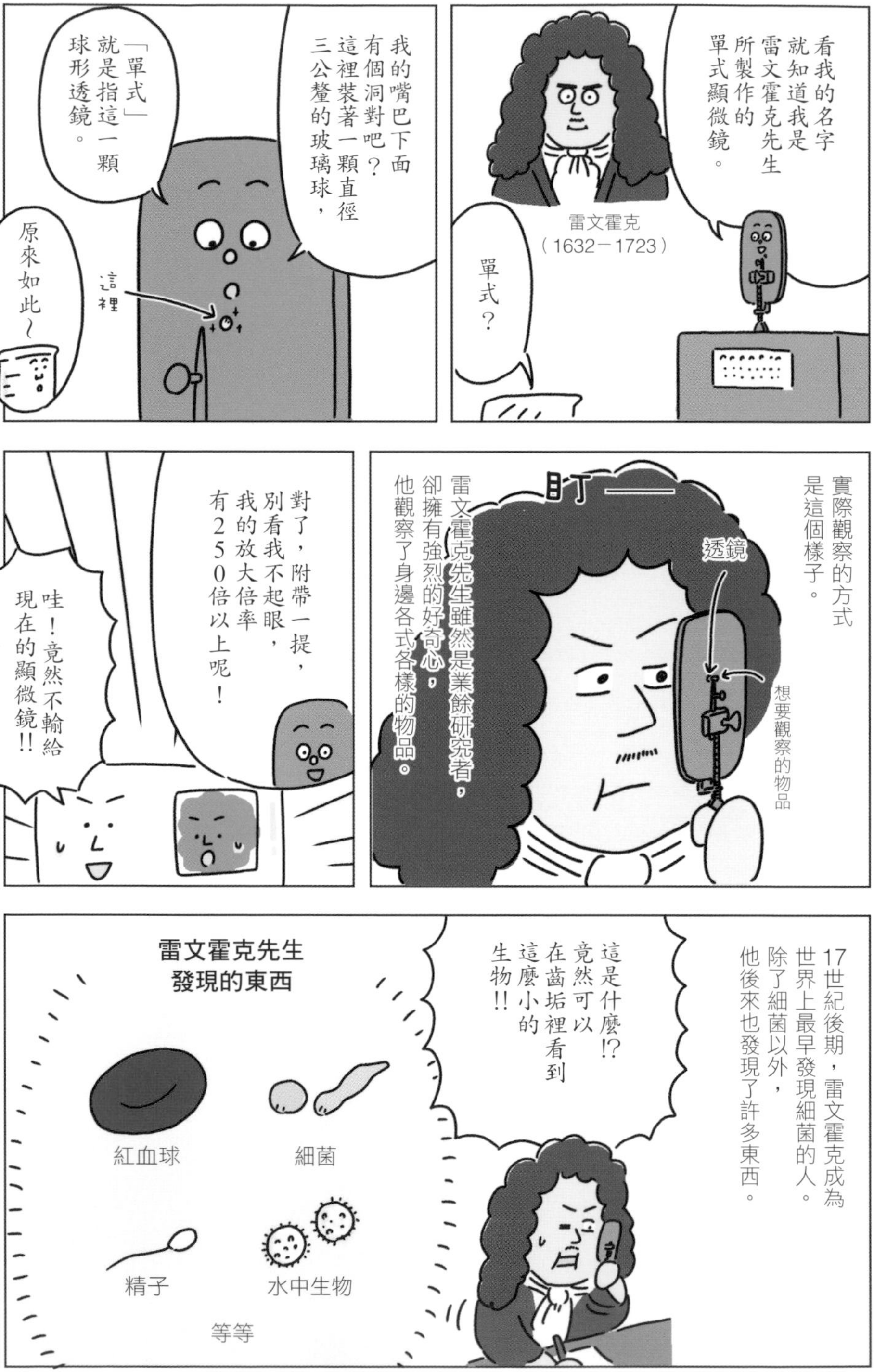
看我的名字就知道我是雷文霍克先生所製作的單式顯微鏡。
雷文霍克（1632－1723）
單式？
我的嘴巴下面有個洞對吧？這裡裝著一顆直徑三公釐的玻璃球，
「單式」就是指這一顆球形透鏡。
這裡
原來如此～
實際觀察的方式是這個樣子。
透鏡
想要觀察的物品
盯——
雷文霍克先生雖然是業餘研究者，卻擁有強烈的好奇心，他觀察了身邊各式各樣的物品。
對了，附帶一提，別看我不起眼，我的放大倍率有250倍以上呢！
哇！竟然不輸給現在的顯微鏡!!
17世紀後期，雷文霍克成為世界上最早發現細菌的人。除了細菌以外，他後來也發現了許多東西。
這是什麼!?竟然可以在齒垢裡看到這麼小的生物!!
雷文霍克先生發現的東西
紅血球
細菌
精子
水中生物
等等

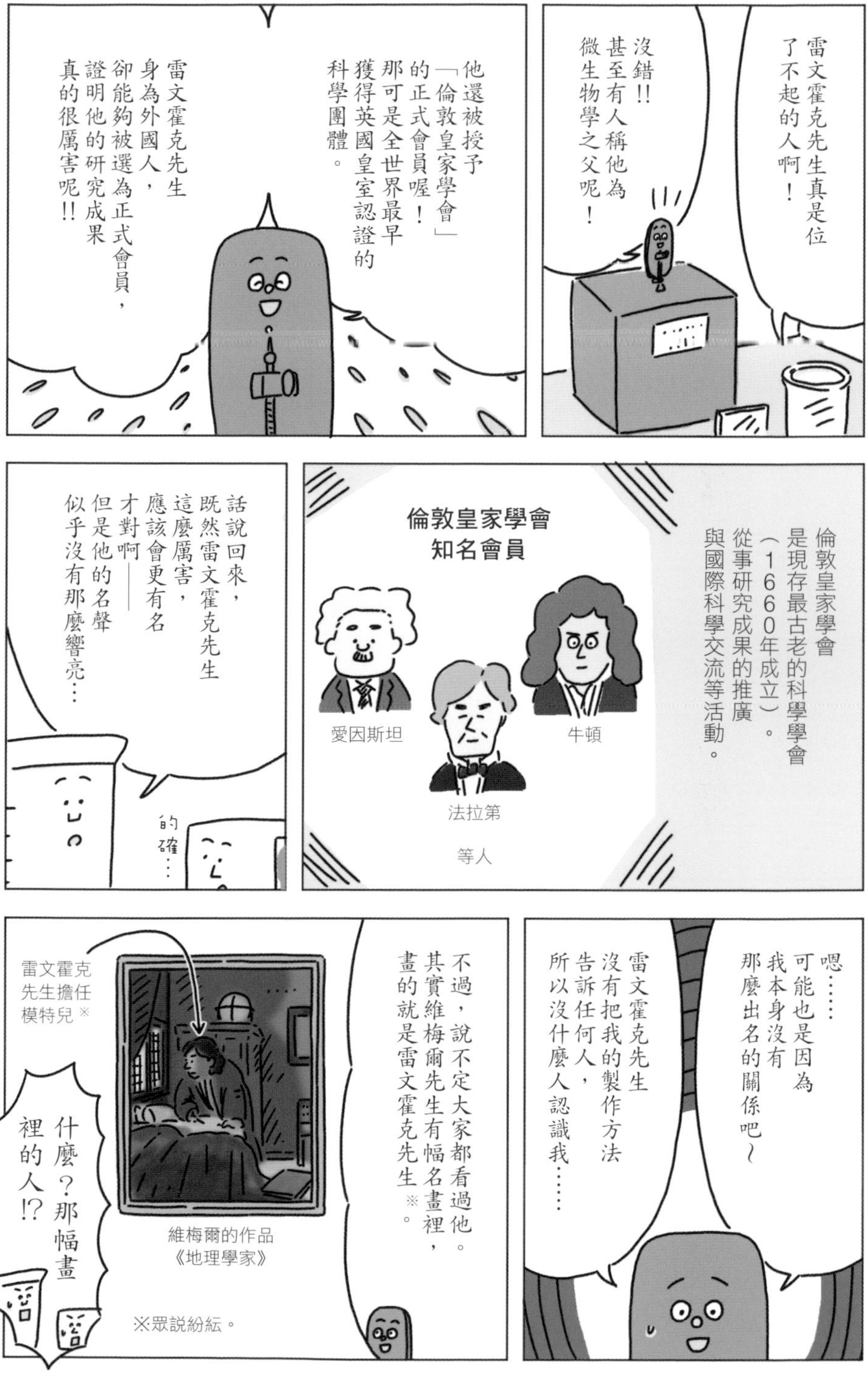
雷文霍克先生真是位了不起的人啊！
沒錯!!甚至有人稱他為微生物學之父呢！
他還被授予「倫敦皇家學會」的正式會員喔！那可是全世界最早獲得英國皇室認證的科學團體。
雷文霍克先生身為外國人，卻能夠被選為正式會員，證明他的研究成果真的很厲害呢!!
倫敦皇家學會是現存最古老的科學學會（1660年成立）。從事研究成果的推廣與國際科學交流等活動。
倫敦皇家學會知名會員
牛頓
愛因斯坦
法拉第
等人
話說回來，既然雷文霍克先生這麼厲害，應該會更有名才對啊——但是他的名聲似乎沒有那麼響亮…
的確…
嗯……可能也是因為我本身沒有那麼出名的關係吧～
雷文霍克先生沒有把我的製作方法告訴任何人，所以沒什麼人認識我……
不過，說不定大家都看過他。其實維梅爾先生有幅名畫裡，畫的就是雷文霍克先生※。
雷文霍克先生擔任模特兒※
維梅爾的作品《地理學家》
什麼？那幅畫裡的人!?
※眾說紛紜。

雷文霍克顯微鏡君

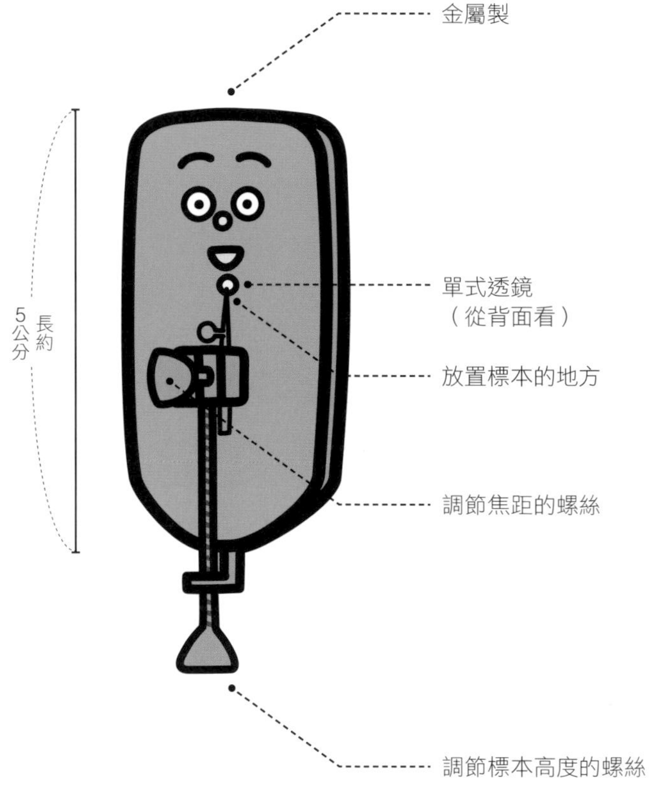
金屬製
長約5公分
單式透鏡
（從背面看）
放置標本的地方
調節焦距的螺絲
調節標本高度的螺絲

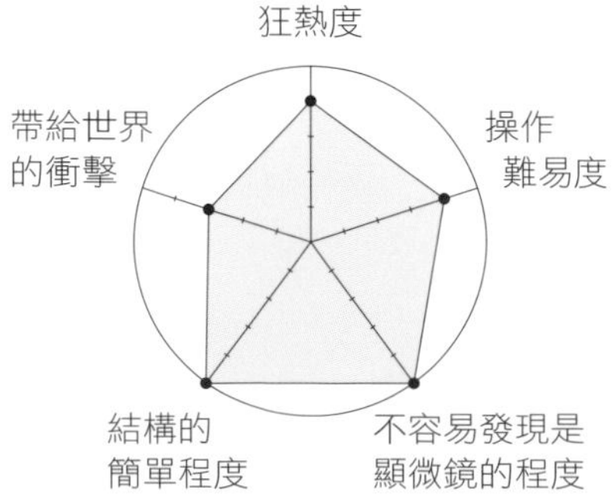
狂熱度
操作難易度
不容易發現是顯微鏡的程度
結構的簡單程度
帶給世界的衝擊

正式名稱 雷文霍克顯微鏡
擅長技能 放大觀察
製造年代 17 世紀後半

〈冷知識〉

雷文霍克製作顯微鏡的事蹟流傳開來後，連當時的國王查理二世都到他家拜訪。

雷文霍克先生觀察的東西

（只占其中一小部分）

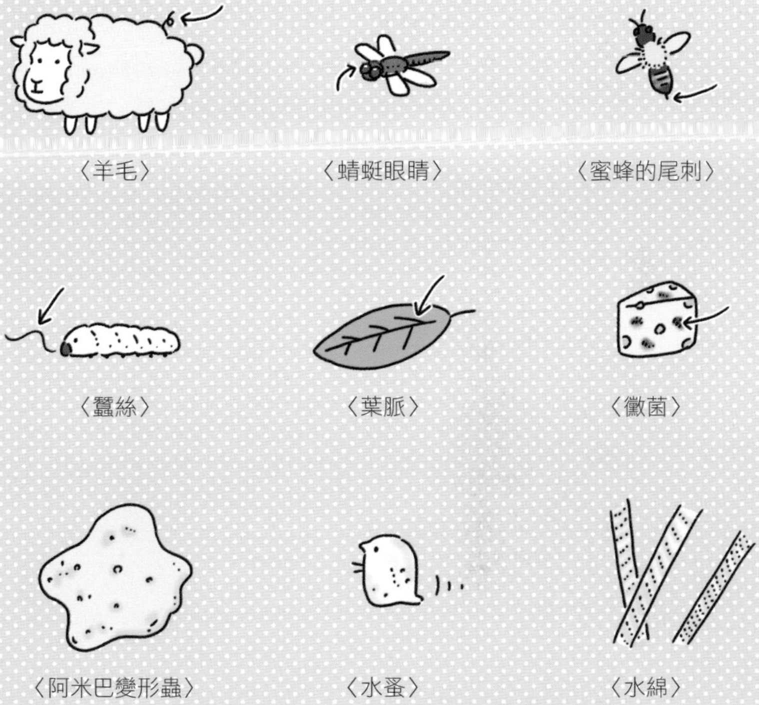
〈羊毛〉
〈蜻蜓眼睛〉
〈蜜蜂的尾刺〉
〈蠶絲〉
〈葉脈〉
〈黴菌〉
〈阿米巴變形蟲〉
〈水蚤〉
〈水綿〉

雷文霍克先生太厲害了!!
哇!?竟然製作了這麼多顯微鏡!?
因為每個標本都需要一座顯微鏡來觀察※，所以雷文霍克先生一生中總共製作了500座以上的顯微鏡。

※雷文霍克不願移除顯微鏡上的標本。

虎克顯微鏡君

接下來這位顯微鏡君的形狀，看起來雖然比雷文霍克顯微鏡君先進，但是左邊的部分，看起來有點陌生…

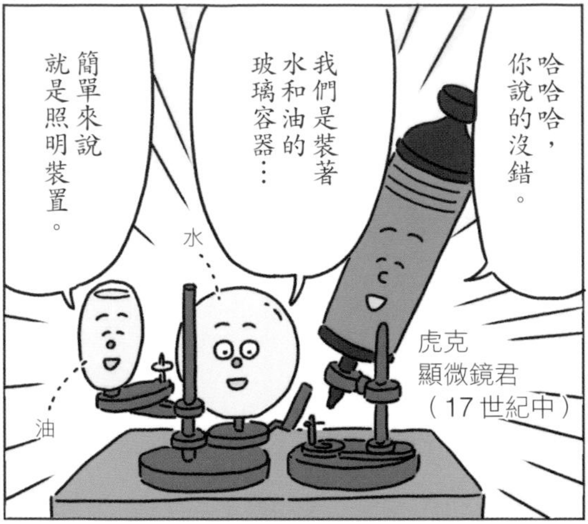
哈哈哈，你說的沒錯。
我們是裝著水和油的玻璃容器…
簡單來說就是照明裝置。
水
油
虎克顯微鏡君（17 世紀中）

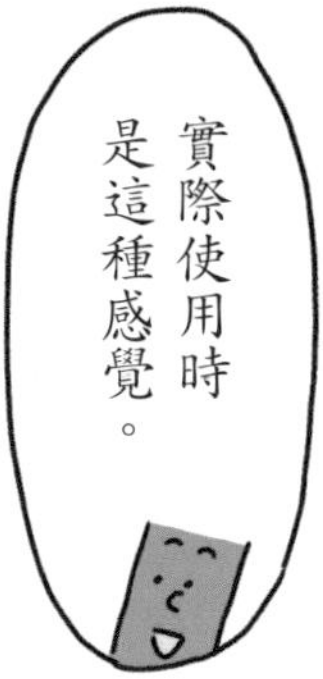
實際使用時是這種感覺。

使用說明圖

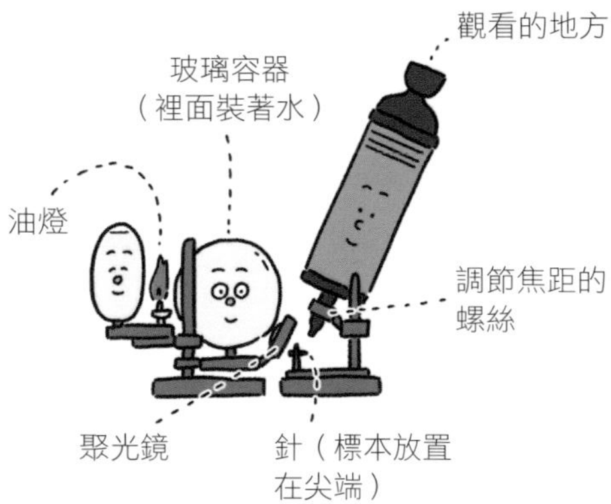
觀看的地方
玻璃容器（裡面裝著水）
油燈
調節焦距的螺絲
聚光鏡
針（標本放置在尖端）

① 油燈的光通過玻璃容器。
↓
② 透過聚光鏡將光線匯聚到針尖。
↓
③ 針尖的標本被光線照亮。
↓
④ 使用調節焦距的螺絲對焦觀察。

出現在我們名字裡的虎克先生，
使用我們進行了各式各樣的觀察。後來還出版了一本很厲害的書。
虎克（1635－1703）
沒錯沒錯

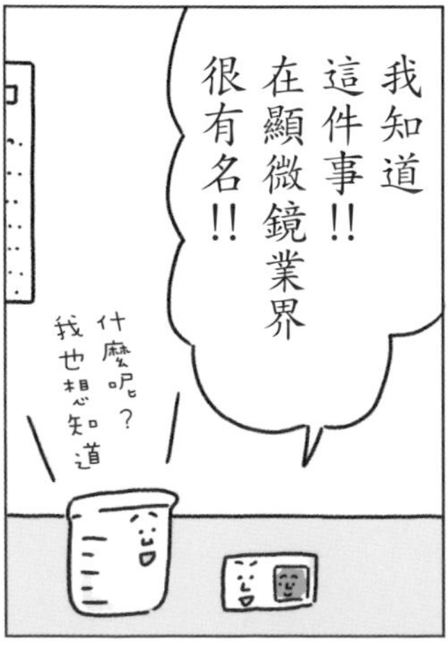
我知道這件事!! 在顯微鏡業界很有名!!
什麼呢？我也想知道

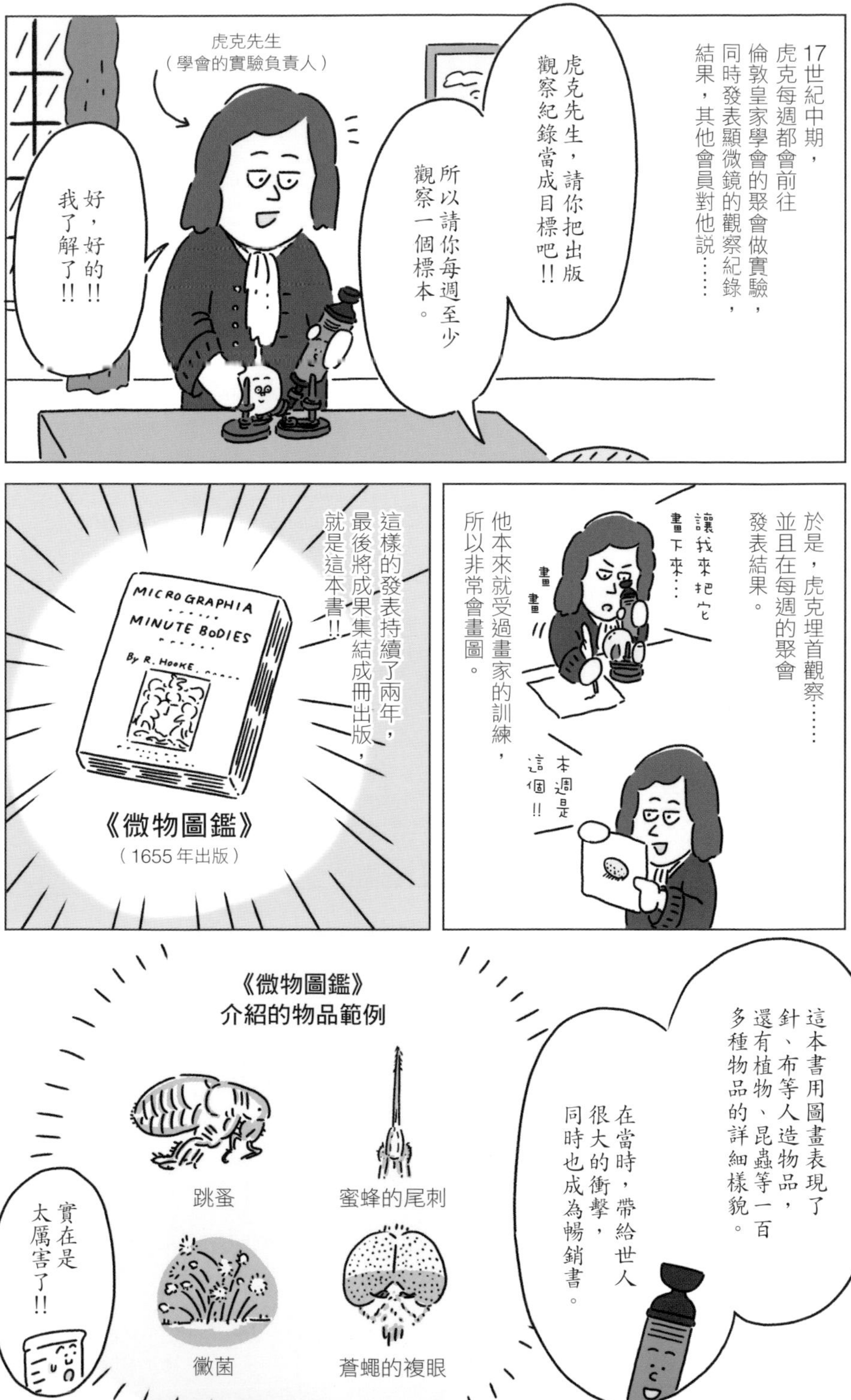
17世紀中期，虎克每週都會前往倫敦皇家學會的聚會做實驗，同時發表顯微鏡的觀察紀錄，結果，其他會員對他說……
虎克先生（學會的實驗負責人）
虎克先生，請你把出版觀察紀錄當成目標吧!!
所以請你每週至少觀察一個標本。
好，好的!! 我了解了!!
於是，虎克埋首觀察……並且在每週的聚會發表結果。
讓我來把它畫下來…
畫畫
他本來就受過畫家的訓練，所以非常會畫圖。
本週是這個!!
這樣的發表持續了兩年，最後將成果集結成冊出版，就是這本書!!
MICROGRAPHIA
MINUTE BODIES
By R. HOOKE.
《微物圖鑑》
（1655年出版）
這本書用圖畫表現了針、布等人造物品，還有植物、昆蟲等一百多種物品的詳細樣貌。
在當時，帶給世人很大的衝擊，同時也成為暢銷書。
《微物圖鑑》介紹的物品範例
跳蚤
蜜蜂的尾刺
黴菌
蒼蠅的複眼
實在是太厲害了!!

附帶一提，書中也介紹了削成薄片的軟木塞觀察結果……
真好奇，軟木塞為什麼會這麼輕…？讓我來看看。
…!?
裡面竟然有無數個小洞!!
這可是大發現。
↓軟木塞放大圖
這是現在所說的「細胞」形成的孔洞，當時命名為「cell」※，虎克或許可以稱得上是細胞的發現者吧！
※虎克使用的「cell」是「小房間」的意思。
除此之外，虎克先生改良並完成當時世界上最高等級的真空幫浦，還發現了「虎克定律」。
甚至有人說「虎克是牛頓的勁敵」喔！
哇!!牛頓先生的勁敵嗎!?感覺很厲害呢!!
…不過，這兩個人的關係非常差，老是在吵架。
總是發生爭執的兩人
光是波動!!
光是粒子!!
啪 嚓 啪 嚓
牛頓
虎克
兩人最後在18世紀初分出勝負。相傳晉升皇家學會會長的牛頓，在學會搬遷時，甚至把虎克的肖像畫與實驗裝置等通通燒掉※。
轟轟隆隆隆隆隆
…也可能因為這個緣故，直到今天都沒找到虎克先生的肖像畫……
如果這是真的，牛頓先生就太過分了!!

※那時虎克已經去世了。

虎克顯微鏡君

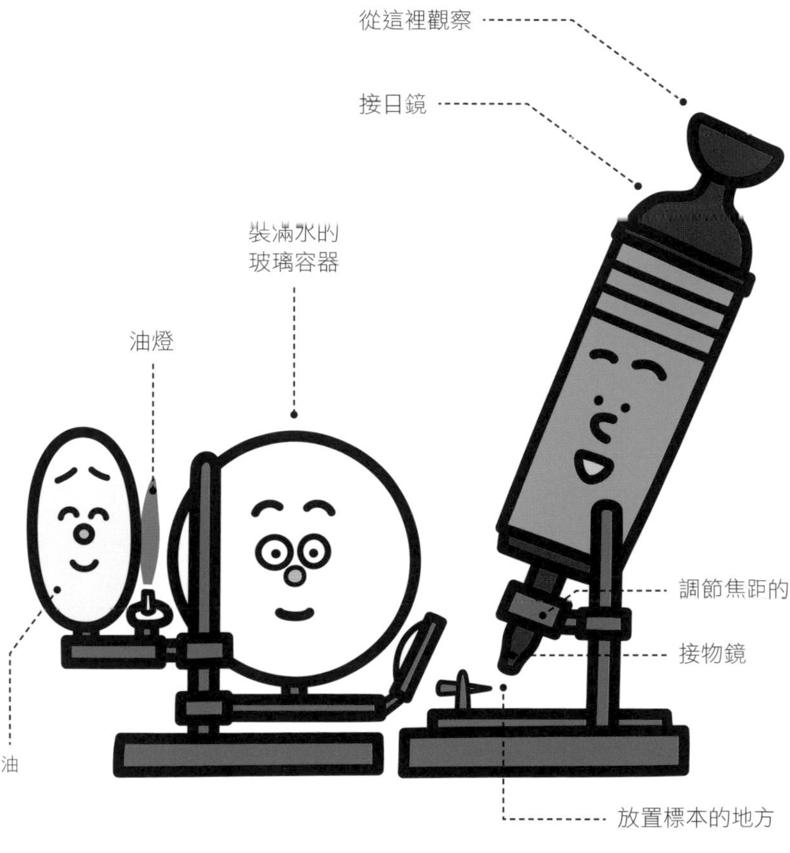
從這裡觀察
接目鏡
裝滿水的
玻璃容器
油燈
調節焦距的部分
接物鏡
油
放置標本的地方

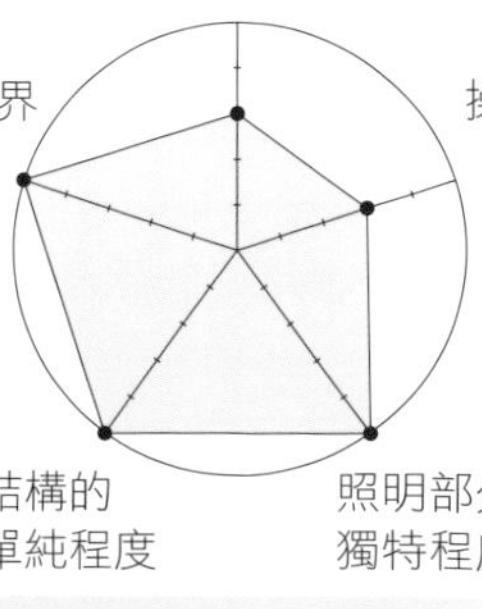
狂熱度
操作
難易度
照明部分的
獨特程度
結構的
單純程度
帶給世界
的衝擊

正式名稱 虎克顯微鏡

擅長技能 放大觀察

製造年代 17 世紀中期

〈冷知識〉

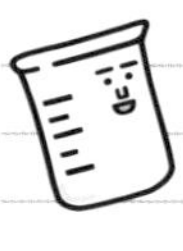

集結這個顯微鏡觀察結果的《微物圖鑑》，影響了許多人，其中也包含牛頓。

江戶時代的顯微鏡君與標本君

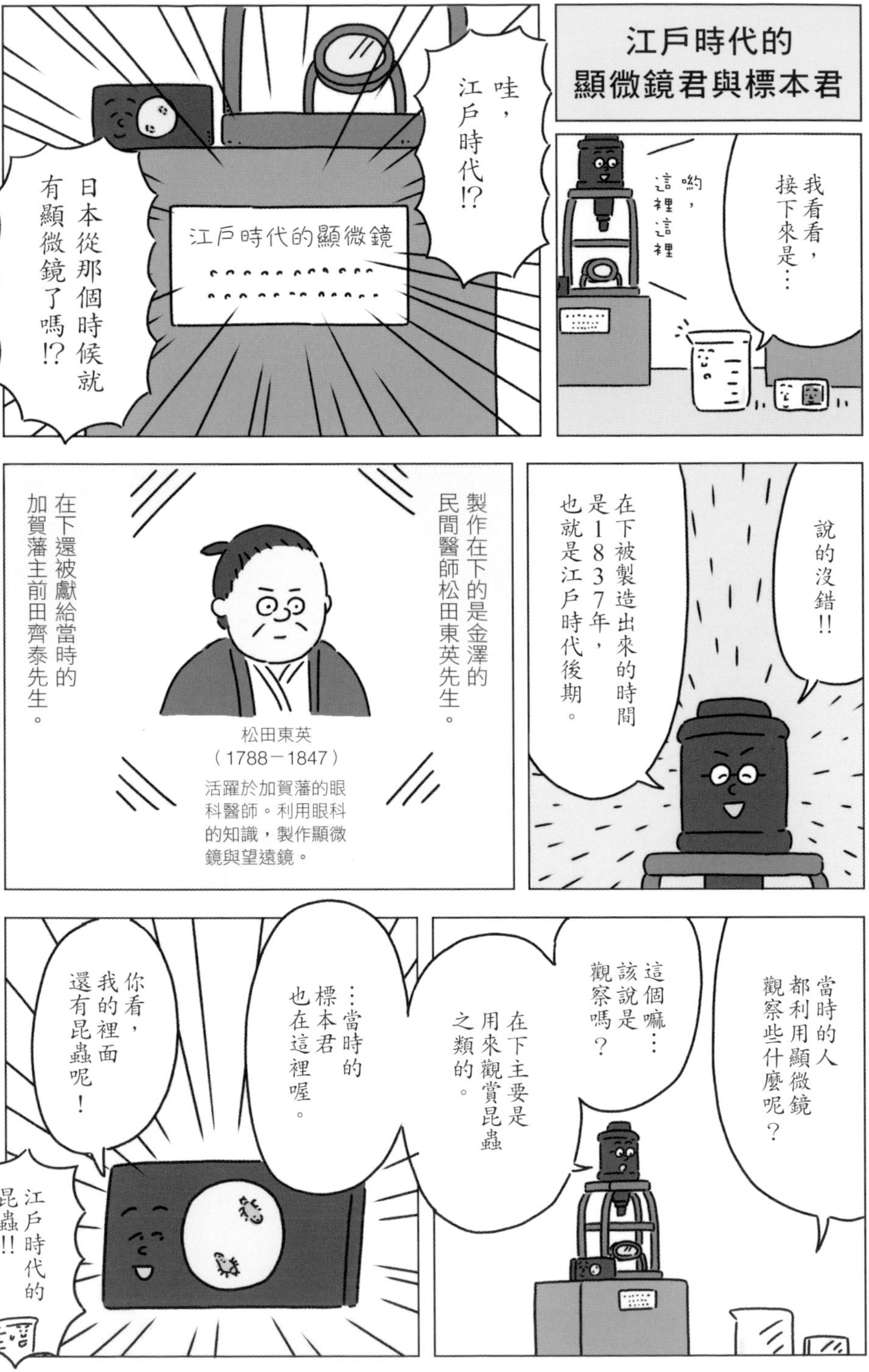
我看看，接下來是…
喲，這裡這裡
哇，江戶時代!?
江戶時代的顯微鏡
日本從那個時候就有顯微鏡了嗎!?
說的沒錯!!
在下被製造出來的時間是1837年，也就是江戶時代後期。
製作在下的是金澤的民間醫師松田東英先生。
松田東英
（1788－1847）
活躍於加賀藩的眼科醫師。利用眼科的知識，製作顯微鏡與望遠鏡。
在下還被獻給當時的加賀藩主前田齊泰先生。
當時的人都利用顯微鏡觀察些什麼呢？
這個嘛…該說是觀察嗎？
在下主要是用來觀賞昆蟲之類的。
…當時的標本君也在這裡喔。
你看，我的裡面還有昆蟲呢！
江戶時代的昆蟲!!

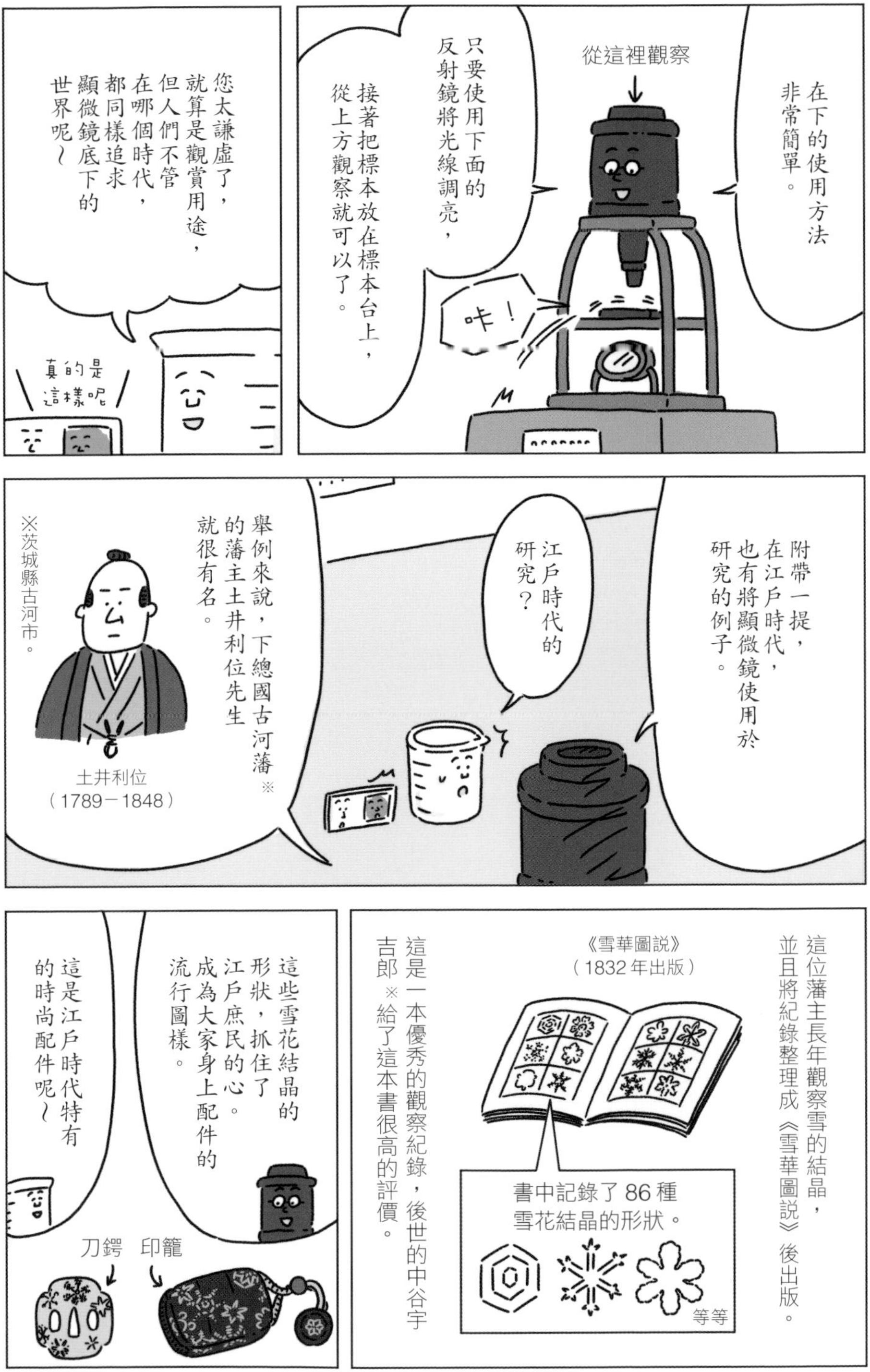
在下的使用方法非常簡單。
從這裡觀察
只要使用下面的反射鏡將光線調亮，
接著把標本放在標本台上，從上方觀察就可以了。
咔！
您太謙虛了，就算是觀賞用途，但人們不管在哪個時代，都同樣追求顯微鏡底下的世界呢～
真的是這樣呢
附帶一提，在江戶時代，也有將顯微鏡使用於研究的例子。
江戶時代的研究？
舉例來說，下總國古河藩※的藩主土井利位先生就很有名。
土井利位（1789－1848）
※茨城縣古河市。
這位藩主長年觀察雪的結晶，並且將紀錄整理成《雪華圖說》後出版。
《雪華圖說》（1832年出版）
書中記錄了86種雪花結晶的形狀。
等等
這是一本優秀的觀察紀錄，後世的中谷宇吉郎※給了這本書很高的評價。
這些雪花結晶的形狀，抓住了江戶庶民的心。成為大家身上配件的流行圖樣。
這是江戶時代特有的時尚配件呢～
刀鍔
印籠

※活躍於20世紀的冰與雪的研究者。製造出世界第一場人造雪。

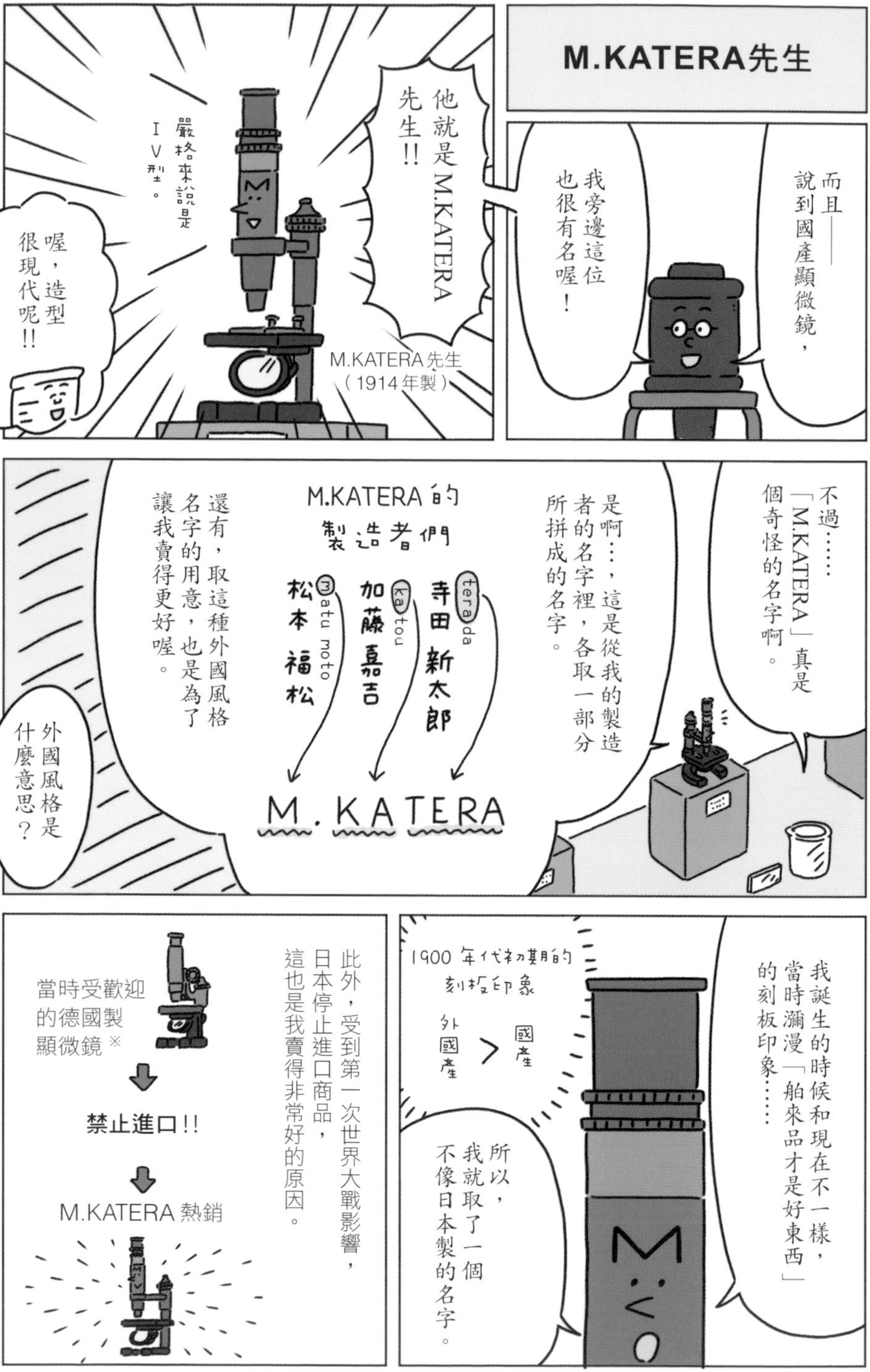
M.KATERA先生
而且——說到國產顯微鏡，
我旁邊這位也很有名喔！
他就是M.KATERA先生!!
嚴格來說是IV型。
M.KATERA先生（1914年製）
喔，造型很現代呢!!
不過……「M.KATERA」真是個奇怪的名字啊。
是啊……，這是從我的製造者的名字裡，各取一部分所拼成的名字。
M.KATERA的製造者們
寺田新太郎 terada
加藤嘉吉 katou
松本福松 matu moto
M.KATERA
還有，取這種外國風格名字的用意，也是為了讓我賣得更好喔。
外國風格是什麼意思？
我誕生的時候和現在不一樣，當時瀰漫「舶來品才是好東西」的刻板印象……
1900年代初期的刻板印象
外國產 > 國產
所以，我就取了一個不像日本製的名字。
此外，受到第一次世界大戰影響，日本停止進口商品，這也是我賣得非常好的原因。
當時受歡迎的德國製顯微鏡※
禁止進口!!
M.KATERA熱銷

※當時德國與日本是敵國。

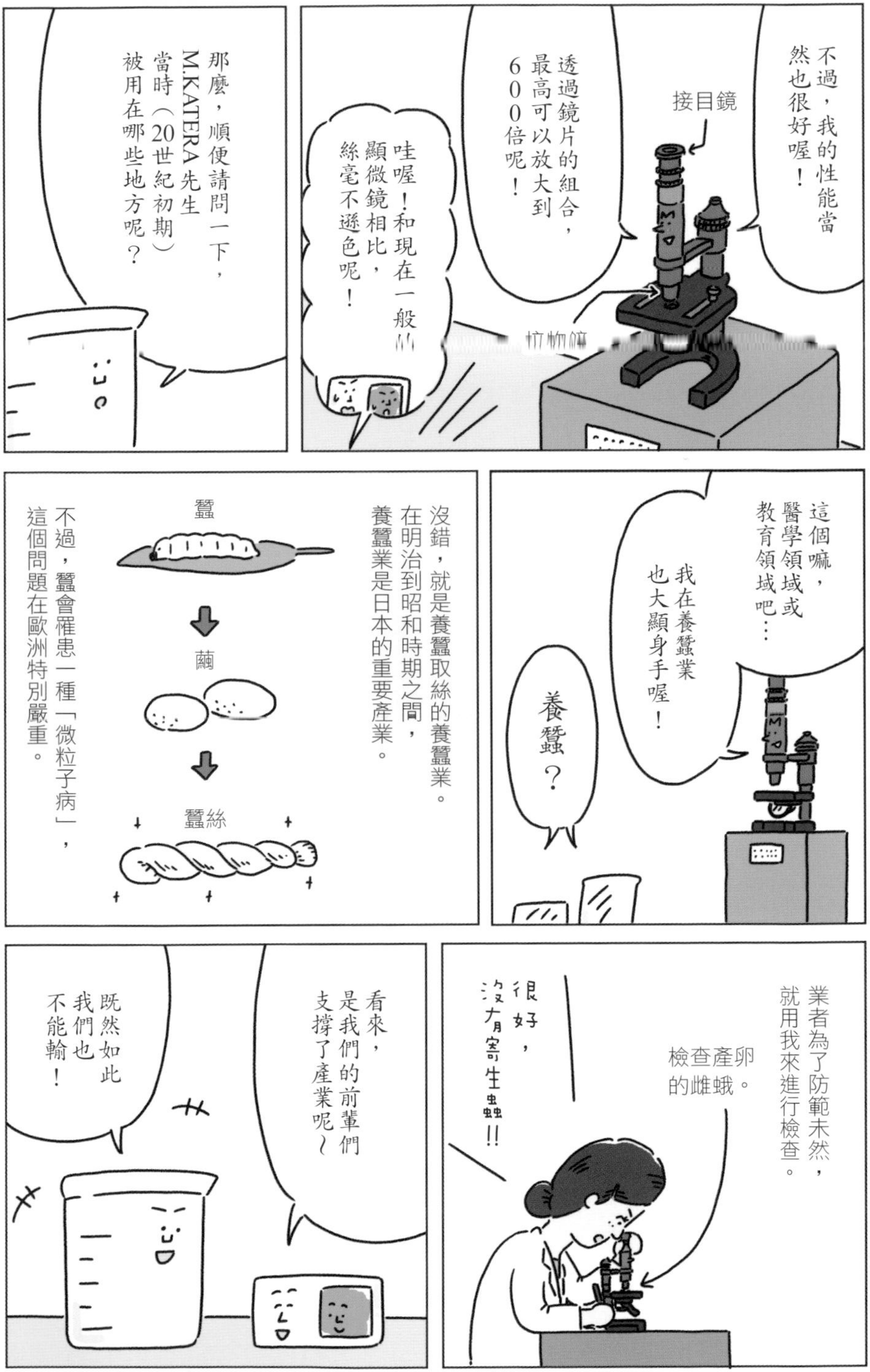
不過，我的性能當然也很好喔！
接目鏡
透過鏡片的組合，最高可以放大到600倍呢！
哇喔！和現在一般的顯微鏡相比，絲毫不遜色呢！
那麼，順便請問一下，M.KATERA先生當時（20世紀初期）被用在哪些地方呢？
這個嘛，醫學領域或教育領域吧⋯
我在養蠶業也大顯身手喔！
養蠶？
沒錯，就是養蠶取絲的養蠶業。在明治到昭和時期之間，養蠶業是日本的重要產業。
蠶
繭
蠶絲
不過，蠶會罹患一種「微粒子病」，這個問題在歐洲特別嚴重。
業者為了防範未然，就用我來進行檢查。
檢查產卵的雌蛾。
很好，沒有寄生蟲!!
看來，是我們的前輩們支撐了產業呢～
既然如此我們也不能輸！

江戶時代的顯微鏡君與標本君

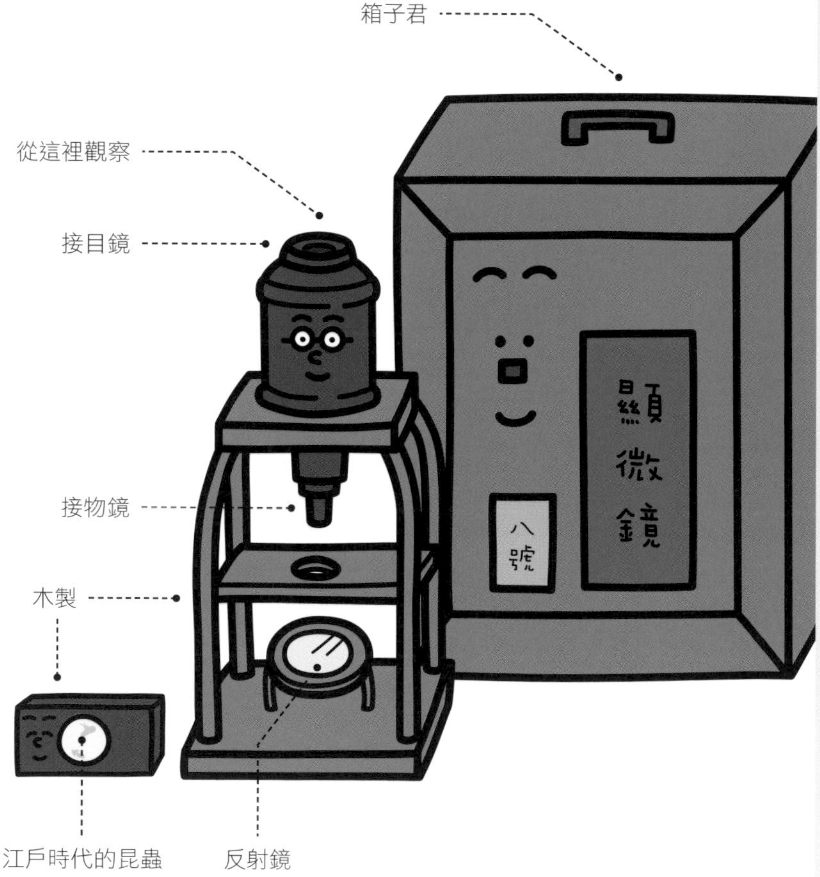
箱子君
從這裡觀察
接目鏡
接物鏡
木製
江戶時代的昆蟲
反射鏡
顯微鏡
八號

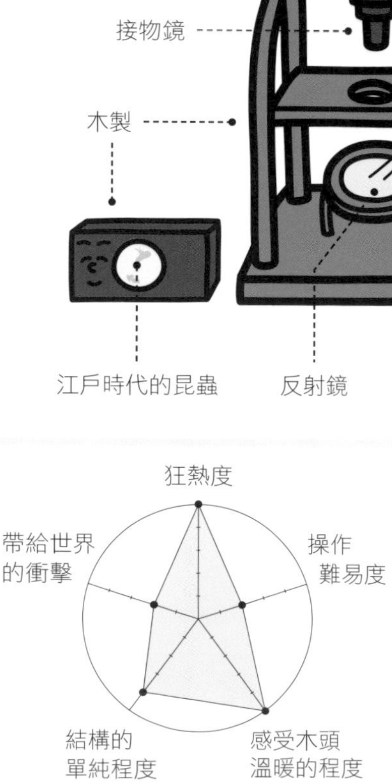
狂熱度
操作難易度
感受木頭溫暖的程度
結構的單純程度
帶給世界的衝擊

正式名稱 顯微鏡八號

擅長技能 放大觀察

製造年代 1837 年

〈冷知識〉

製造者松田東英是杉田立卿※（1787－1846）的門生。

※江戶時代重要醫師杉田玄白的次子，也是醫生。

M.KATERA 先生

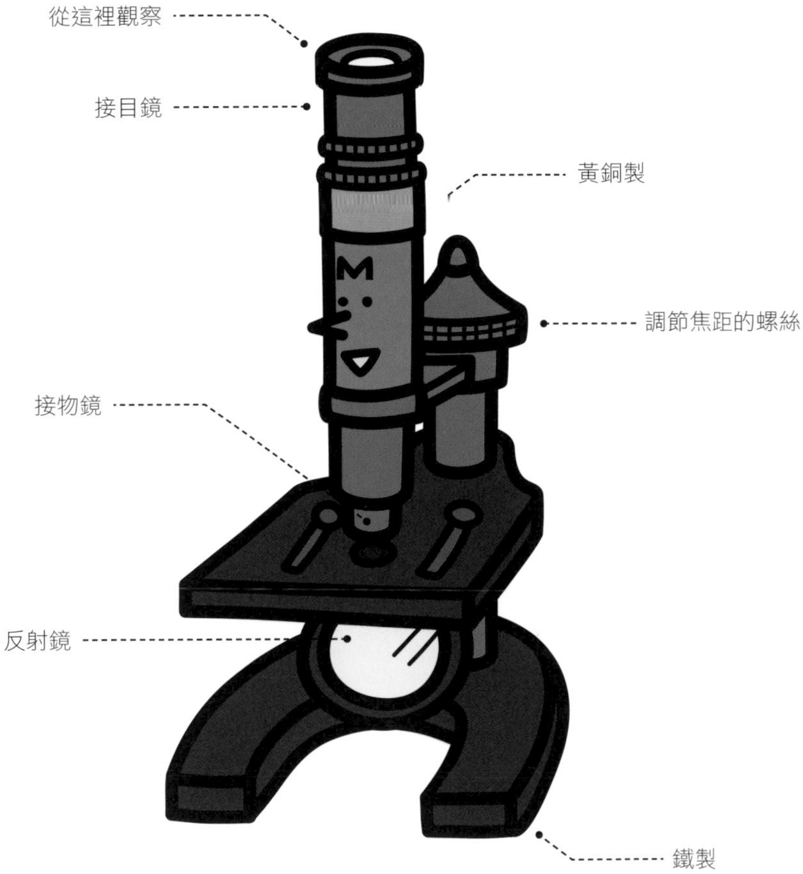
從這裡觀察
接目鏡
黃銅製
調節焦距的螺絲
接物鏡
反射鏡
鐵製
M

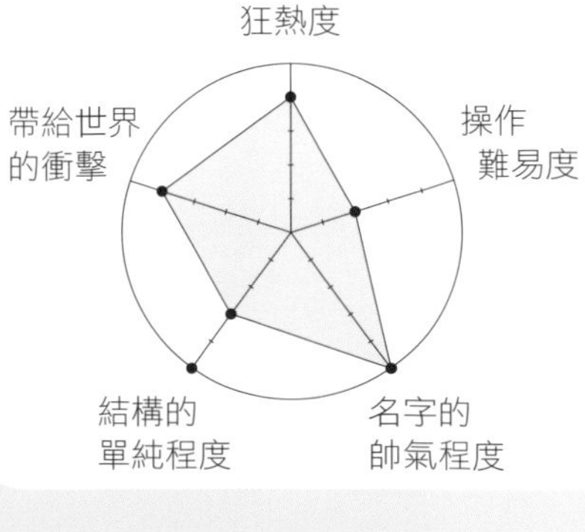
狂熱度
操作
難易度
名字的
帥氣程度
結構的
單純程度
帶給世界
的衝擊

正式名稱 光學顯微鏡 M.KATERA IV 型

擅長技能 放大觀察

製造年代 1914 年

〈冷知識〉

製造者後來進入奧林巴斯與櫻花精密技術等企業工作，奠定日本國產顯微鏡的基礎。

伽利略式望遠鏡爺爺們
像這樣重新看一遍，就能感受到各個時代顯微鏡的演變呢！
真的耶！
喂!!
該不會把我們忘了吧！
我們望遠鏡也在這裡喔!!
伽利略式望遠鏡爺爺們（1609年製造）
真是對不起……
伽利略先生如果還活著會生氣喔！
算了，
你們應該聽過……伽利略先生吧？
當然知道!!他被稱為「科學之父」呢！
伽利略（1564－1642）
嗯
嗯
唔～雖然也有人這麼說，但他對我們而言，是「天文學之父」！
咦？這樣嗎？
因為他使用我們觀察到許多跟天體有關的發現。
1609年，人在義大利的伽利略聽到了某個傳聞。
聽說荷蘭做出了某種像眼鏡的工具，可以讓遠的東西看起來好像很近。
原來如此。
伽利略

於是，伽利略根據傳聞組合透鏡，
這樣這樣
組合凸透鏡和凹透鏡……
成功啦～
不到一個月，就做出了我們的前身望遠鏡（倍率8倍）!!
而且這個望遠鏡的倍率比傳聞還要高！
伽利略先生真是太厲害了!!
沒錯！不過接下來才是更厲害的地方。
伽利略利用研磨透鏡等方法，做出性能更好的望遠鏡。
換句話說，我們誕生了！
在這之後，伽利略把我們對著天空……
我看看我看看
舉起

伽利略的天體相關發現

① 月球表面的凹凸

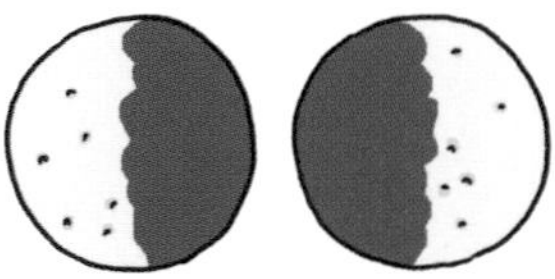

③ 木星的四顆衛星

② 金星的圓缺

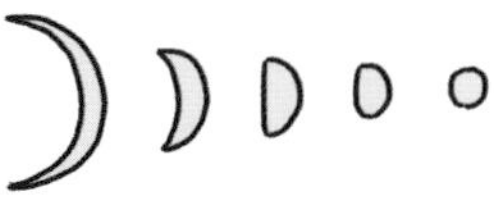

④ 太陽黑子

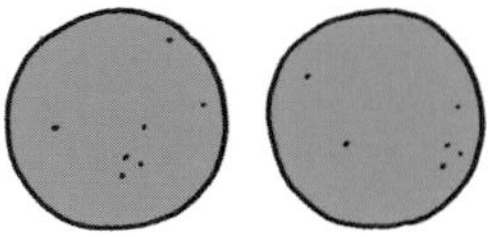

黑子的位置會移動

結果，他獲得了許多歷史性的發現！
由於當時還是相信天動說※的時代，因此這些發現為世人帶來相當大的衝擊喔！
喔～

※其他天體以地球為中心旋轉的學說。

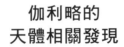

伽利略透過金星的圓缺，確立地動說的正確性。
金星是因為繞著太陽轉，才有圓缺吧……
換句話說，金星並不是繞著地球轉，而是繞著太陽轉。
所以天動說是錯的!!

但是，當時握有莫大權力的天主教會支持天動說，所以伽利略先生遭到審判之類的處置，後果相當慘呢！
不過…，即使在這樣的狀況下，他依然相信自己的觀察結果，伽利略先生果然很偉大啊!!

像我們這些類型的望遠鏡，能夠以「伽利略式」的名字流傳下來，也是伽利略先生的偉大之處。

折射式望遠鏡的原理

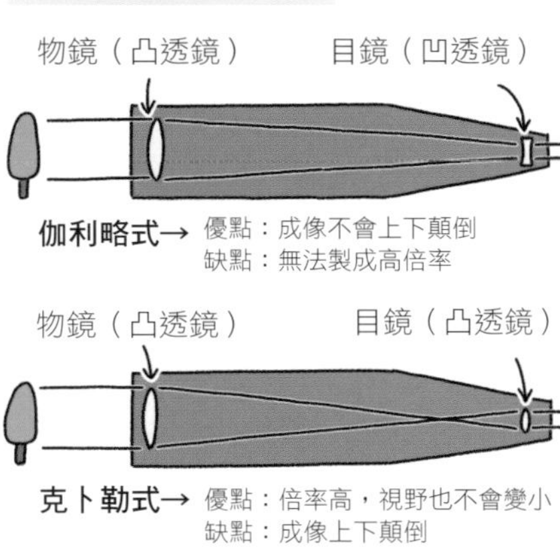
物鏡（凸透鏡）
目鏡（凹透鏡）
伽利略式→ 優點：成像不會上下顛倒
缺點：無法製成高倍率
物鏡（凸透鏡）
目鏡（凸透鏡）
克卜勒式→ 優點：倍率高，視野也不會變小
缺點：成像上下顛倒

不過，由於性能方面難以提升，所以現在稱得上伽利略式的大概只有雙筒望遠鏡，相當可惜……

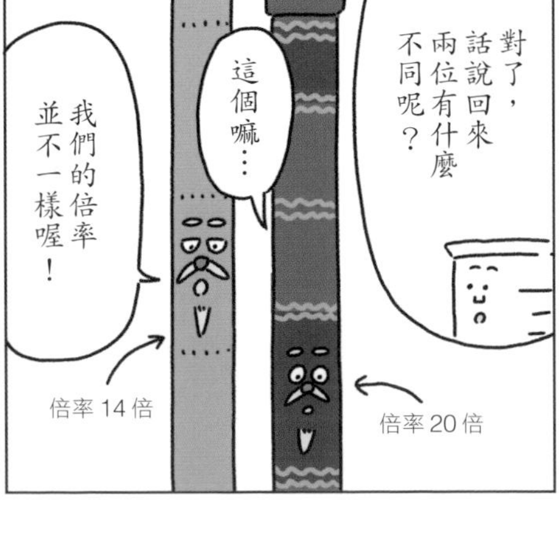
對了，話說回來兩位有什麼不同呢？
這個嘛……
我們的倍率並不一樣喔！
倍率 14 倍
倍率 20 倍

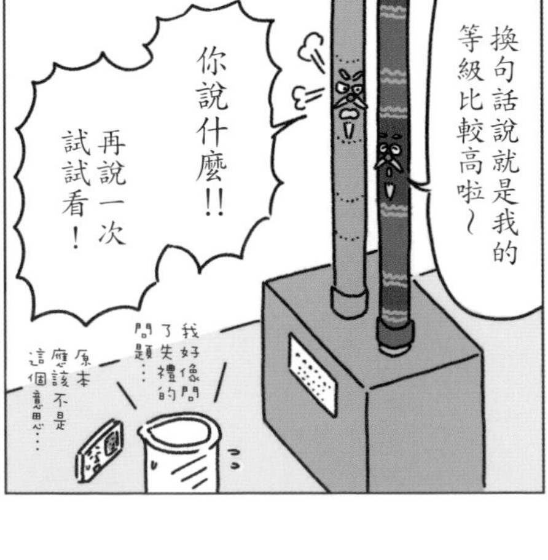
換句話說就是我的等級比較高啦～
你說什麼!!
再說一次試試看！
我好像問了失禮的問題…
原本應該不是這個意思…

伽利略式望遠鏡爺爺們

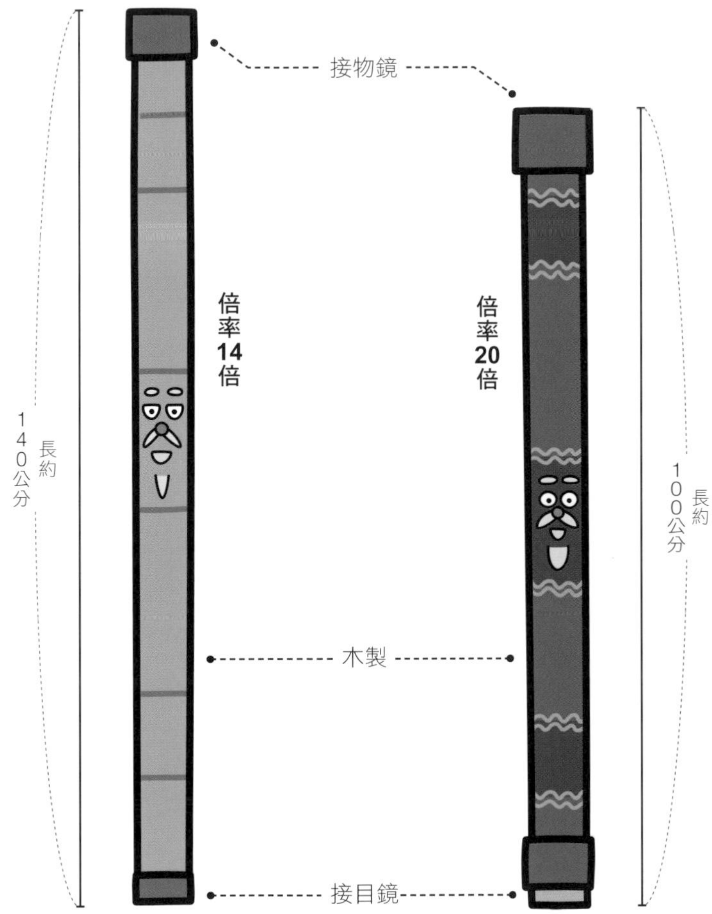
接物鏡
倍率14倍
倍率20倍
長約140公分
長約100公分
木製
接目鏡

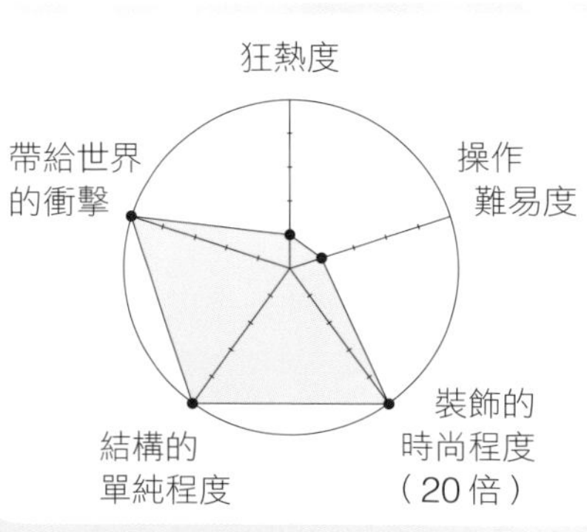
狂熱度
操作難易度
裝飾的時尚程度（20倍）
結構的單純程度
帶給世界的衝擊

正式名稱 伽利略式望遠鏡

擅長技能 觀察天體等

製造年代 17 世紀上半

〈冷知識〉

伽利略先生將製作的望遠鏡送給國家的統治者，藉此獲得更有利的研究待遇。

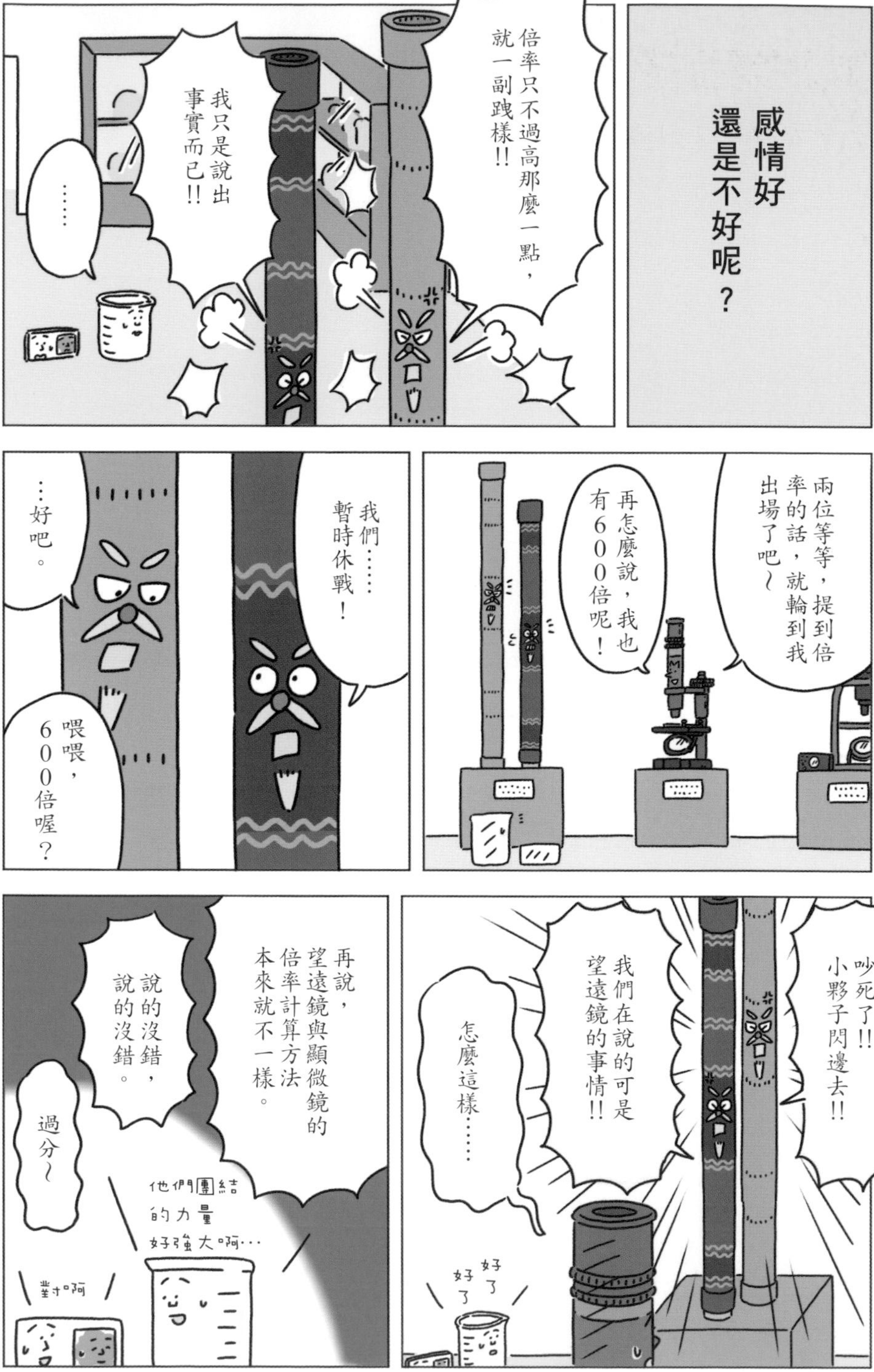
感情好還是不好呢？
倍率只不過高那麼一點，就一副跩樣!!
我只是說出事實而已!!
……
兩位等等，提到倍率的話，就輪到我出場了吧～
再怎麼說，我也有600倍呢！
我們……暫時休戰！
…好吧。
喂喂，600倍喔？
吵死了!! 小夥子閃邊去!!
我們在說的可是望遠鏡的事情!!
怎麼這樣……
好了好了
再說，望遠鏡與顯微鏡的倍率計算方法本來就不一樣。
說的沒錯，說的沒錯。
過分～
他們團結的力量好強大啊…
對啊

令人崇拜的各種望遠鏡

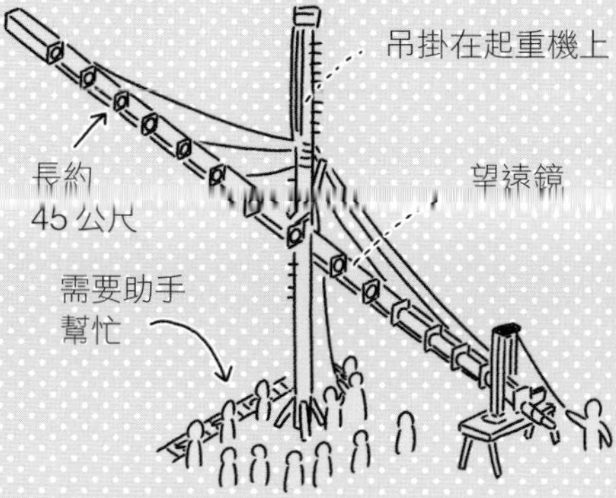
吊掛在起重機上
長約
45 公尺
望遠鏡
需要助手
幫忙

赫維留斯的大望遠鏡

波蘭知名的天文觀測家赫維留斯（1611－1687）在1670年左右設置了長約45公尺的望遠鏡。之所以會那麼長，是為了彌補當時主流折射式望遠鏡的缺點。

長 15 公分
從這裡
觀察

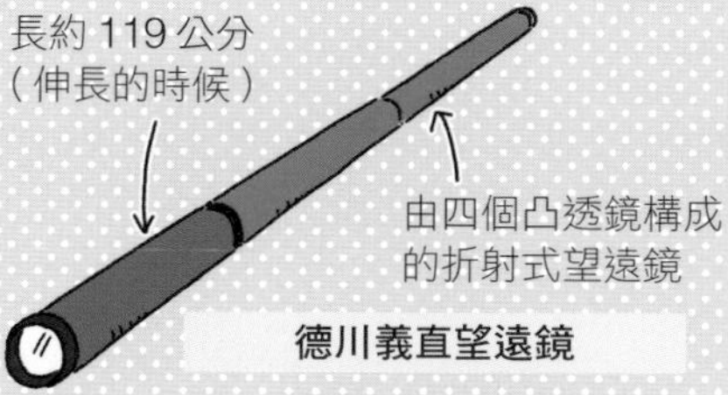
長約 119 公分
（伸長的時候）
由四個凸透鏡構成
的折射式望遠鏡

德川義直望遠鏡

日本現存最古老的望遠鏡，為德川義直（1600－1650）的遺物，因此推測它的發明年代早於1650年，且由歐洲流傳到日本。

牛頓的反射式望遠鏡

牛頓放棄了折射式原理，在1670年左右以另一種方式製造的望遠鏡。最大的特點是體積小、倍率高。

長 35 公分

國友一貫齋的反射式望遠鏡

江戶幕府御用火銃鍛造工匠一貫齋（1778－1840）在1836年製作的望遠鏡。據說性能在當時達到世界最高水準。

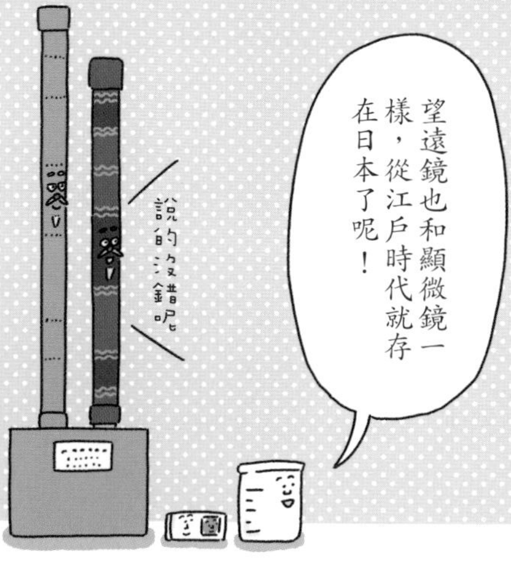
望遠鏡也和顯微鏡一樣，從江戶時代就存在日本了呢！
說的沒錯呢

和前輩一起話當年 01

大家說到顯微鏡，都會想像結構複雜、有著亮晶晶金色旋鈕的機器。然而雷文霍克顯微鏡，卻只是塊有著螺絲桿的板子。我記得小時候在博物館看到它的複製品時相當失望。另一方面，在圖鑑上的虎克顯微鏡（使用複數鏡片），不僅結構複雜，而且裝飾華麗。我不禁以為虎克顯微鏡比較偉大。

但是，雷文霍克顯微鏡的鏡片只有一個，利用極短焦距獲得高倍率，簡而言之就是放大鏡，就原理來看，整體結構單純也是理所當然。雖然我很好奇要怎麼使用這種顯微鏡觀察，但當時市場上沒有這種顯微鏡（現在有了），所以苦無機會。直到很久以後，科學實驗的前輩告訴我「用玻璃棒就可以做喔」，我立刻著手製作。完成之後，我試著從窺孔觀看，結果嚇了一跳…實在非常的「難看」（苦笑）。不僅因為鏡片太小，觀察困難，而且如果不把眼睛完全貼上去，就什麼也看不到。這讓我覺得，使用這個顯微鏡發現許多事物的雷文霍克（Antoni van Leeuwen-hoek），一定是位有毅力又有耐心的人。

不過，如果製作成功就能看得很清楚，甚至讓人不敢相信透鏡只是玻璃珠。這種陽春顯微鏡的樂趣，不輸要價幾萬日圓的顯微鏡，不，如果連製作過程也包含進去，甚至更有趣。我完全迷上了雷文霍克顯微鏡（我想大約做了50個吧）。

根據紀錄，雷文霍克也是因為有趣，才持續使用顯微鏡觀察。他後來受邀加入皇家學會，邀他進去的人正是虎克（Robert Hooke）。雷文霍克純粹的科學好奇心，想必打動了虎克吧？兩人身為同時代的顯微鏡迷（才怪，是科學家啦），想必互相尊敬。兩人的成果也成為日後的科學根基。可見工具的好壞不是什麼重要的問題，有多麼享受、熱愛科學與觀察才是關鍵。

CHAPTER 2

量測的前輩

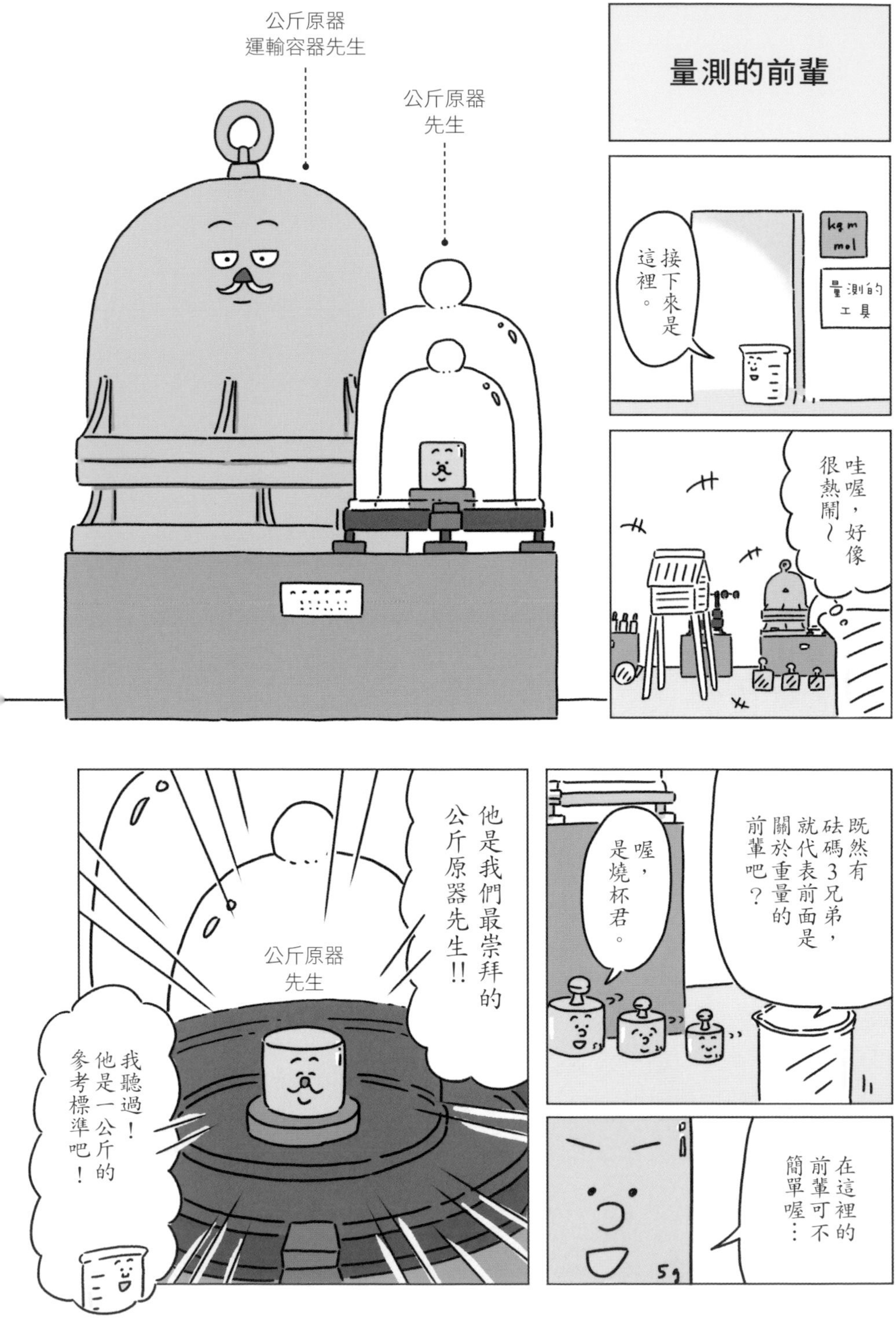
量測的前輩
接下來是這裡。
kg m mol
量測的工具
哇喔，好像很熱鬧～
公斤原器運輸容器先生
公斤原器先生
既然有砝碼3兄弟，就代表前面是關於重量的前輩吧？
喔，是燒杯君。
在這裡的前輩可不簡單喔…
他是我們最崇拜的公斤原器先生!!
公斤原器先生
我聽過！他是一公斤的參考標準吧！
5g

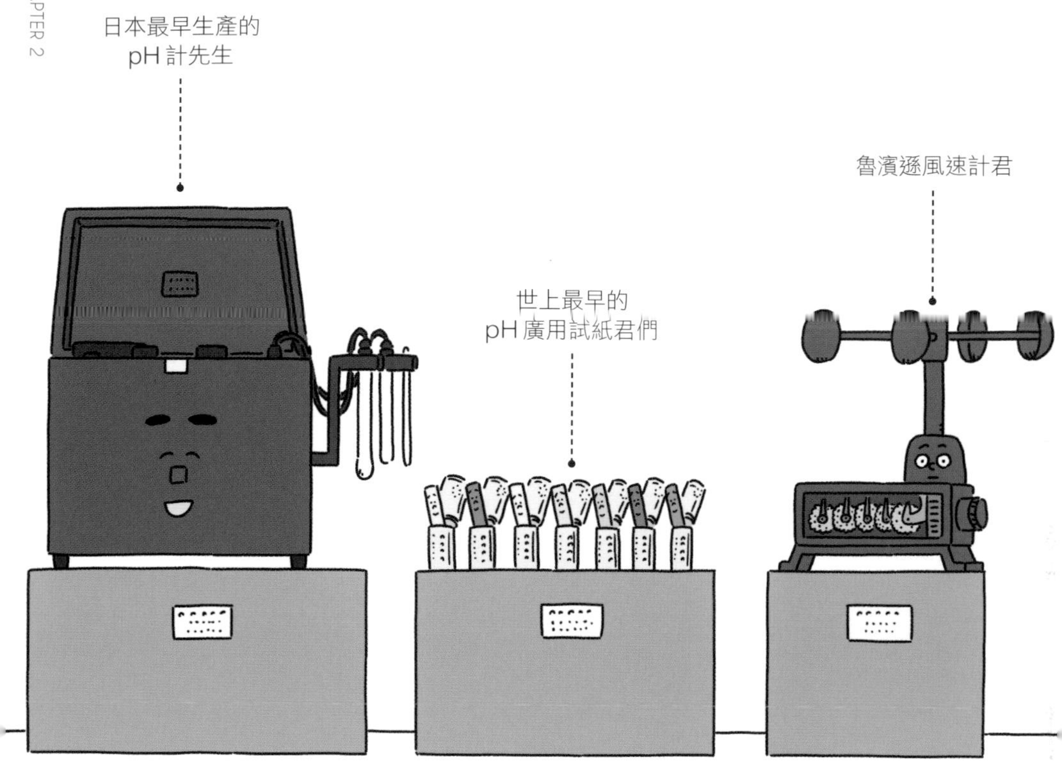
日本最早生產的
pH計先生
世上最早的
pH廣用試紙君們
魯濱遜風速計君

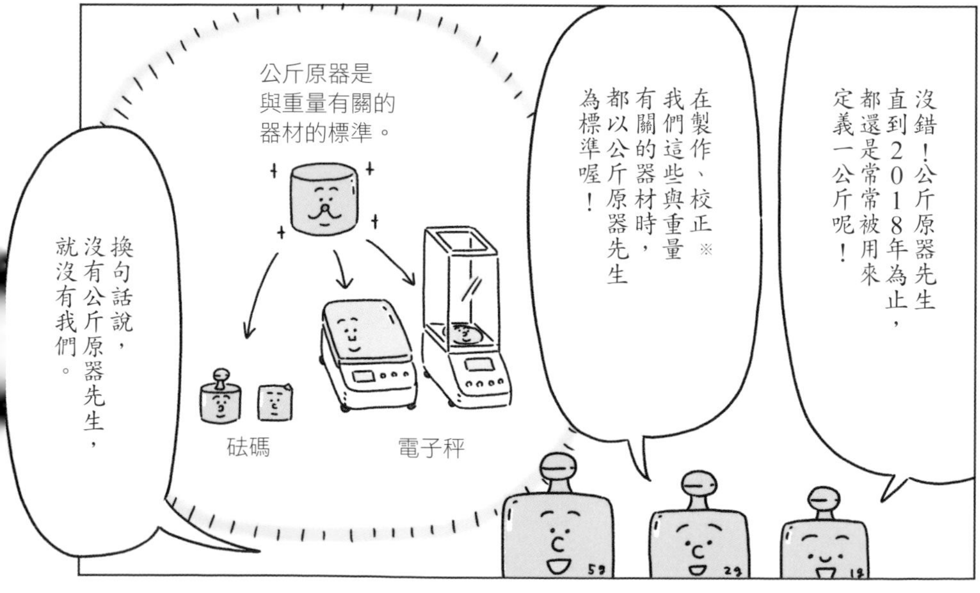
沒錯！公斤原器先生直到2018年為止，都還是常常被用來定義一公斤呢！
在製作、校正※我們這些與重量有關的器材時，都以公斤原器先生為標準喔！
公斤原器是與重量有關的器材的標準。
砝碼
電子秤
換句話說，沒有公斤原器先生，就沒有我們。

※校正：使用標準品來確定或修正精確度。

量測的前輩

總而言之，公斤原器先生是我們這個世界……
首席中的首席!!
完全沒錯!!
哈哈哈，
2018年修改了公斤的定義，所以我已經不是首席了喔。
就算這樣，還是很厲害!!

不過做了這麼久，我也有點累了。現在終於可以安心休息。
畢竟做了130年啊～
什麼？130年!!

是啊，我在1889年成為公斤的標準，
所以打拚了大約130年呢！

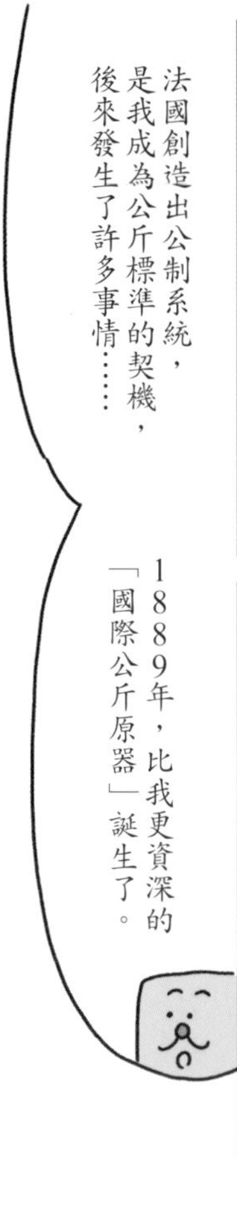
法國創造出公制系統，是我成為公斤標準的契機，後來發生了許多事情……
1889年，比我更資深的「國際公斤原器」誕生了。

公斤原器

誕生的過程

18 世紀末
法國制定了公制系統

⇩

1875 年
簽訂米制公約

⇩

1885 年
日本也加入了米制公約

⇩

1889 年
國際公斤原器的質量成為 1 公斤的標準

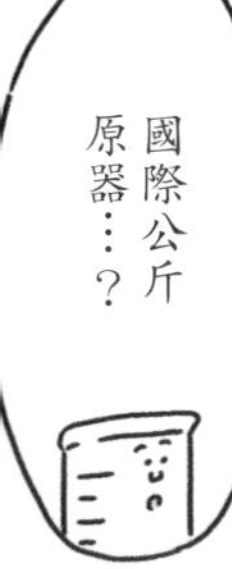
國際公斤原器…？

沒錯，我的正確名稱叫做日本公斤原器，是根據國際公斤原器製作的其中一個複製品。
始祖
國際公斤原器
複製品
各國的公斤原器
發給各國
複製品是為了米制公約的加盟國所製作，而我在1890年來到日本!!
當時使用船隻運送，而在那個時候，大顯身手的…
就是我啦！
點點頭
您看起來好堅固…
沒錯！
我可是原始設計的特殊規格品呢…
我提高了密閉性與耐壓性，就算不幸沉船，也不會對裡面的東西造成影響。
裡面由我來保護
這麼一說，每30年送回法國檢查時，我們都是一起去的呢！
那些時候也很開心啊～
哈哈哈
130年來你們真的辛苦了～!!

公斤原器先生和運輸容器先生

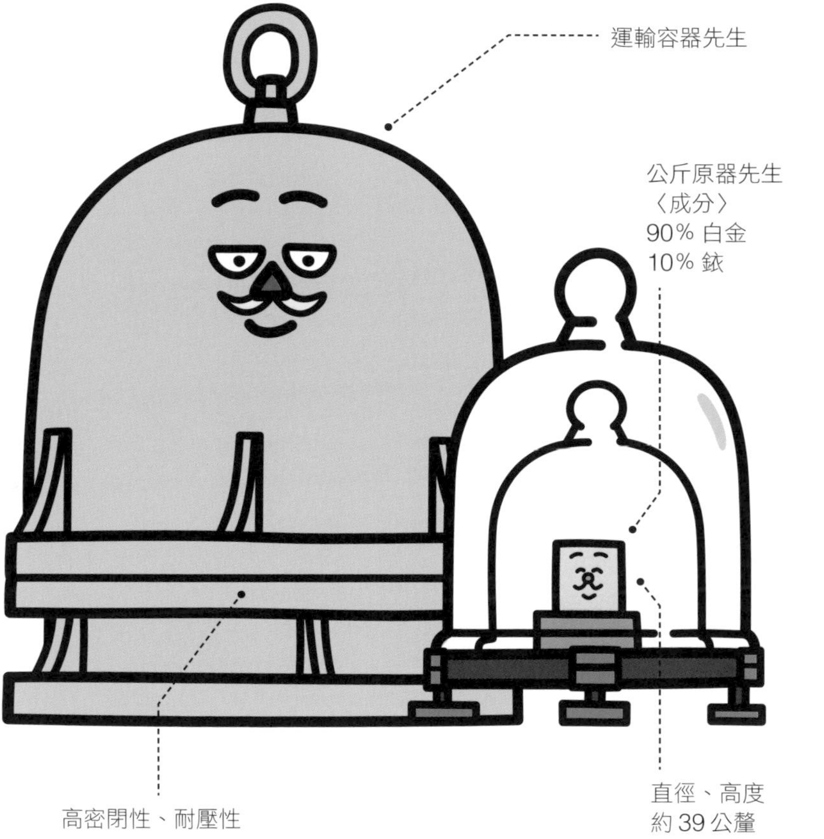
運輸容器先生
公斤原器先生
〈成分〉
90% 白金
10% 銥
高密閉性、耐壓性
直徑、高度
約 39 公釐

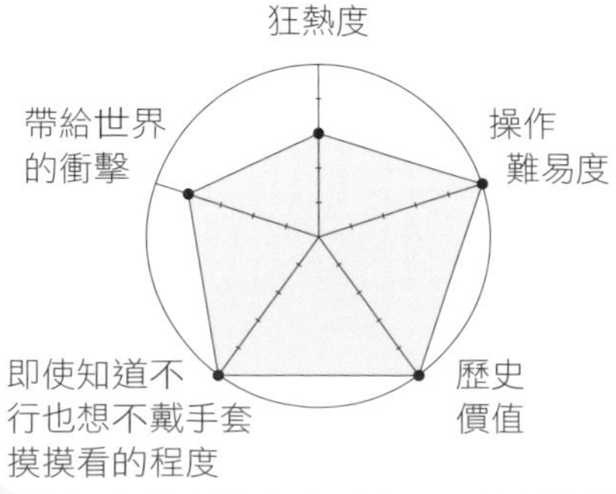
狂熱度
操作
難易度
歷史
價值
即使知道不
行也想不戴手套
摸摸看的程度
帶給世界
的衝擊

正式名稱 日本公斤原器

擅長技能 成為質量的標準

製造年代 1889 年

〈冷知識〉

在日本時，隨時維持 20℃、濕度 0% 的狀態，而且為了避免在淹水時受損，擺放在高 75 公分的檯座上，保管於金庫中。

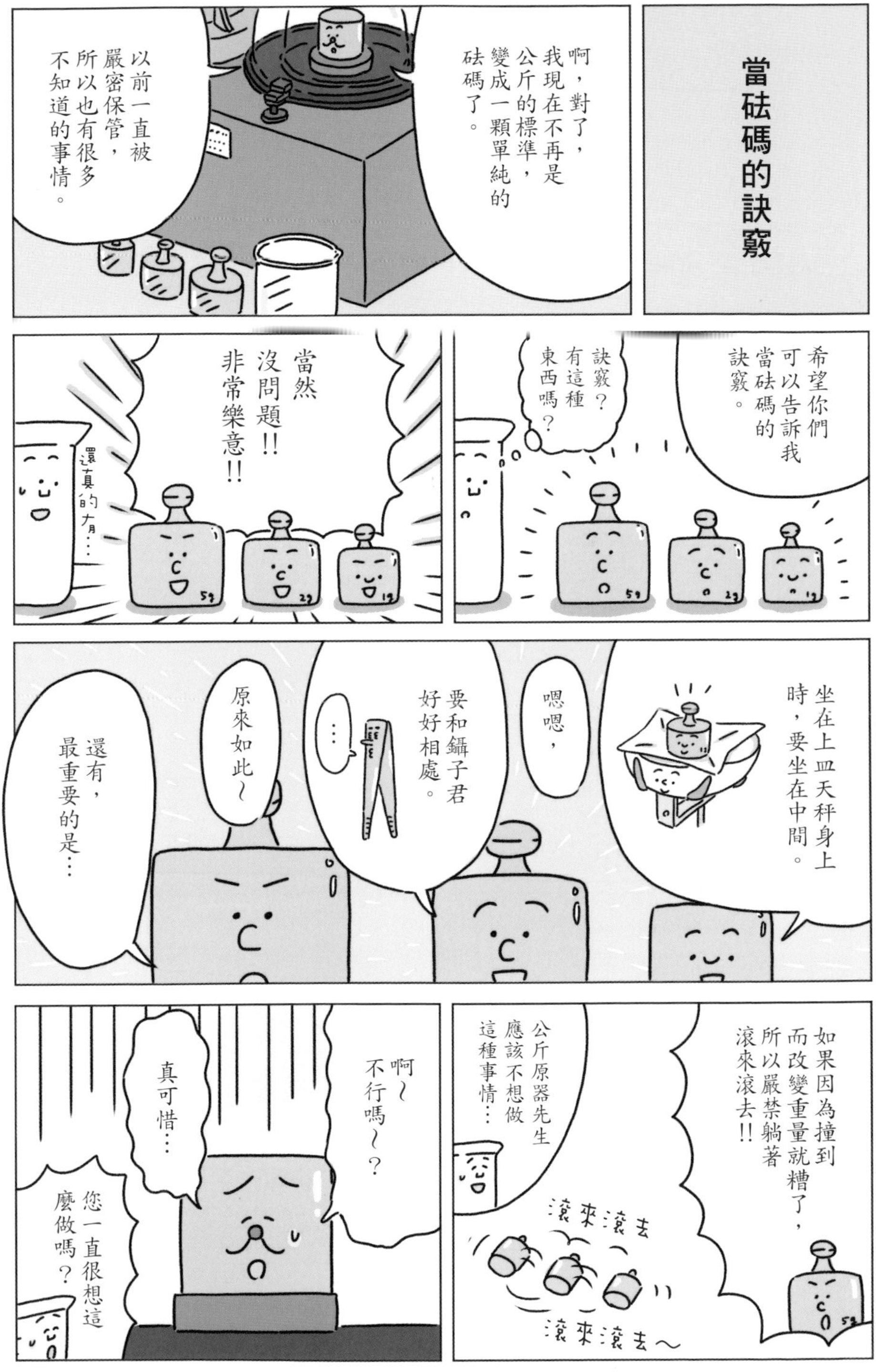
當砝碼的訣竅
啊，對了，我現在不再是公斤的標準，變成一顆單純的砝碼了。
以前一直被嚴密保管，所以也有很多不知道的事情。
希望你們可以告訴我當砝碼的訣竅。
訣竅？有這種東西嗎？
當然沒問題!! 非常樂意!!
還真的有…
坐在上皿天秤身上時，要坐在中間。
嗯嗯，
要和鑷子君好好相處。
…
原來如此~
還有，最重要的是…
如果因為撞到而改變重量就糟了，所以嚴禁躺著滾來滾去!!
滾來滾去
滾來滾去～
公斤原器先生應該不想做這種事情…
啊~不行嗎~？
真可惜…
您一直很想這麼做嗎？

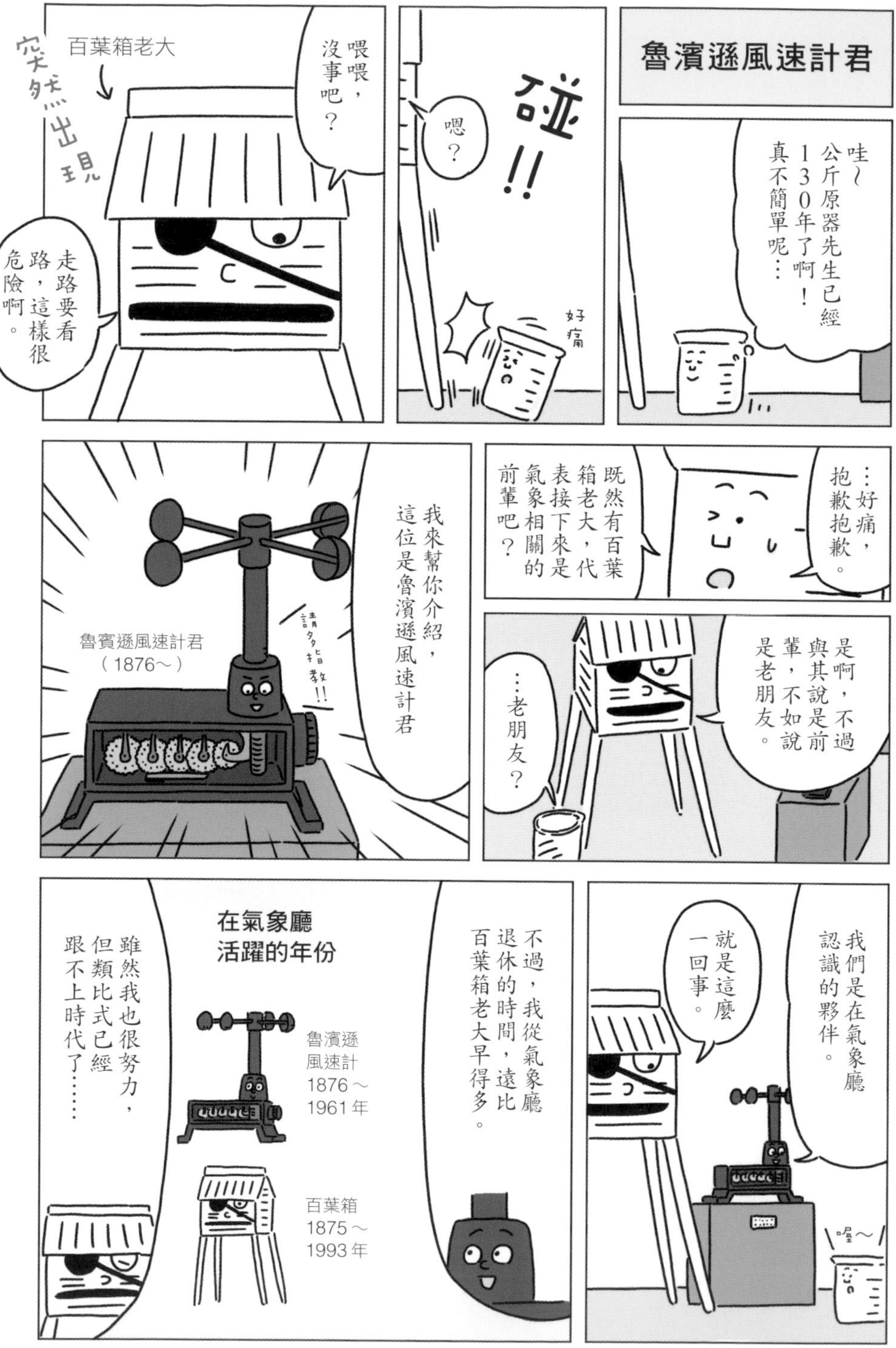
魯濱遜風速計君
哇～公斤原器先生已經130年了啊！真不簡單呢⋯
嗯？
碰!!
好痛
喂喂，沒事吧？
突然出現
百葉箱老大
走路要看路，這樣很危險啊。
⋯好痛，抱歉抱歉。
既然有百葉箱老大，代表接下來是氣象相關的前輩吧？
是啊，不過與其說是前輩，不如說是老朋友。
⋯老朋友？
我來幫你介紹，這位是魯濱遜風速計君
請多指教!!
魯賓遜風速計君
（1876～）
我們是在氣象廳認識的夥伴。
就是這麼一回事。
喔～
不過，我從氣象廳退休的時間，遠比百葉箱老大早得多。
在氣象廳活躍的年份
魯濱遜風速計
1876～1961年
百葉箱
1875～1993年
雖然我也很努力，但類比式已經跟不上時代了⋯⋯

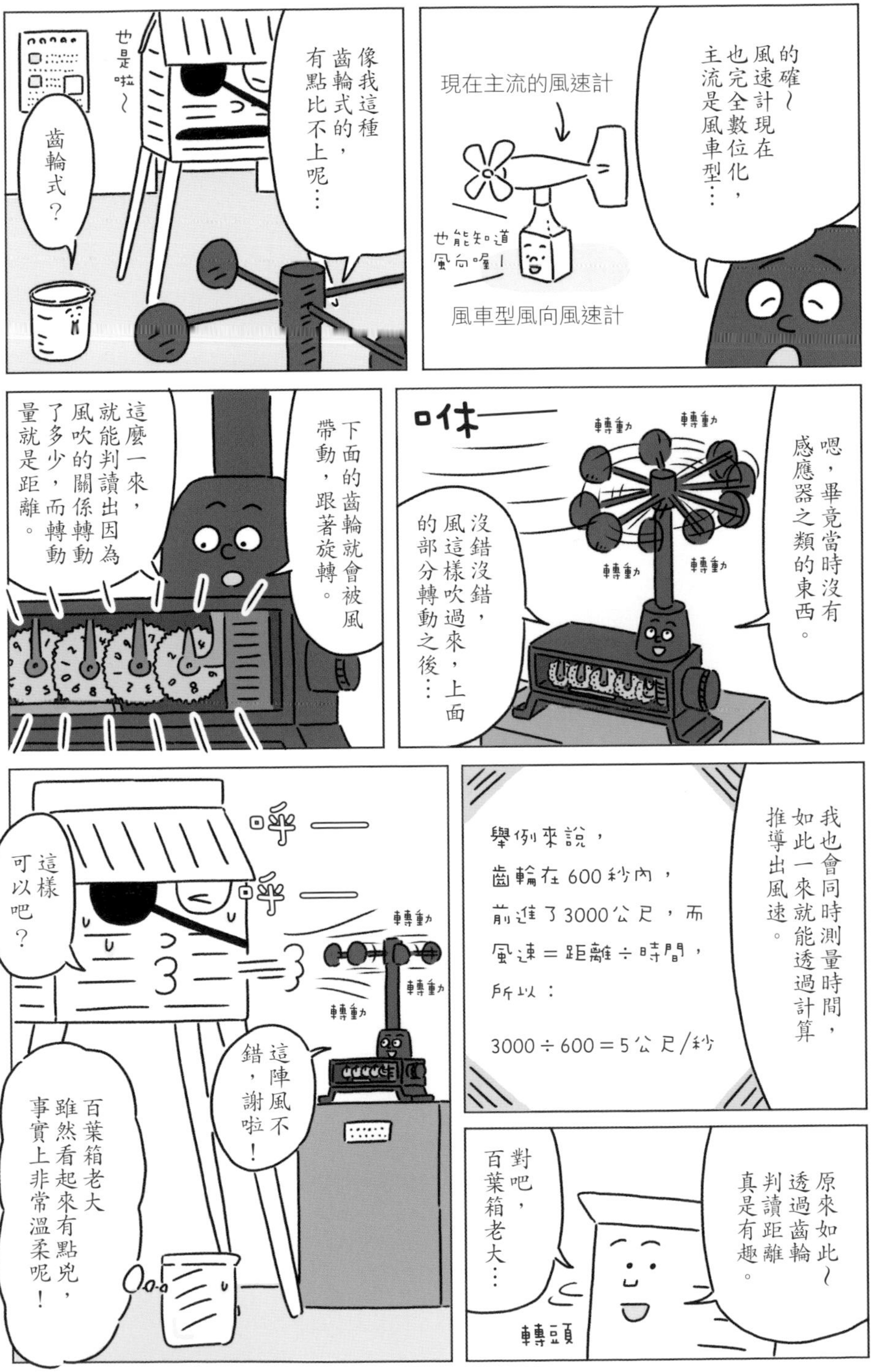
的確～風速計現在也完全數位化，主流是風車型…
現在主流的風速計
也能知道風向喔！
風車型風向風速計
像我這種齒輪式的，有點比不上呢…
齒輪式？
也是啦～
嗯，畢竟當時沒有感應器之類的東西。
咻——
轉動
沒錯沒錯，風這樣吹過來，上面的部分轉動之後…
下面的齒輪就會被風帶動，跟著旋轉。
這麼一來，就能判讀出因為風吹的關係轉動了多少，而轉動量就是距離。
我也會同時測量時間，如此一來就能透過計算推導出風速。
舉例來說，
齒輪在600秒內，
前進了3000公尺，而
風速＝距離÷時間，
所以：
3000÷600＝5公尺/秒
原來如此～透過齒輪判讀距離真是有趣。
對吧，百葉箱老大…
轉頭
呼——
呼——
這樣可以吧？
轉動
這陣風不錯，謝啦！
百葉箱老大雖然看起來有點兇，事實上非常溫柔呢！

魯濱遜風速計君

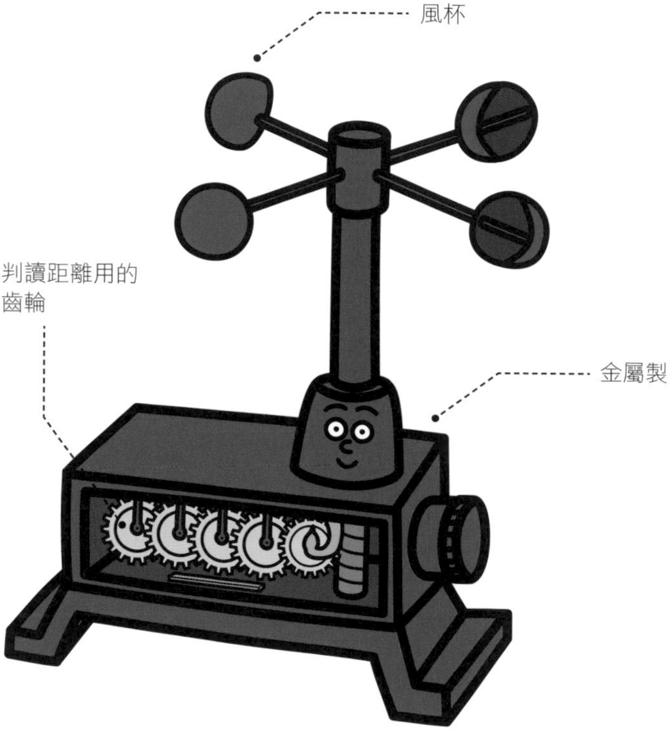

風杯
判讀距離用的齒輪
金屬製

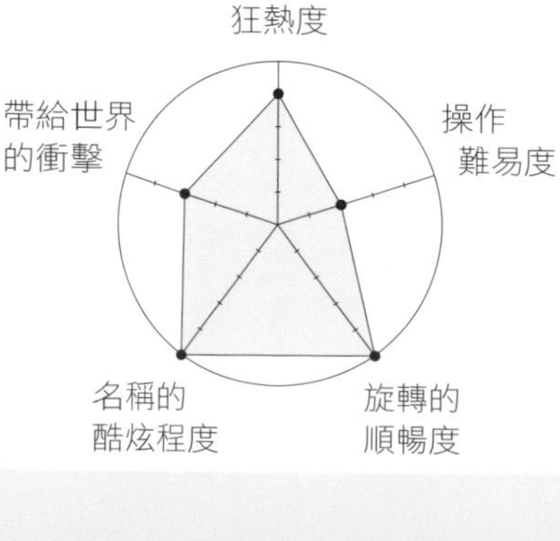

狂熱度
操作難易度
旋轉的順暢度
名稱的酷炫程度
帶給世界的衝擊

正式名稱 風杯型風程式風速計（魯賓遜式）

擅長技能 測量風速

製造年代 19 世紀後期

〈冷知識〉

日本氣象廳以前的標誌，設計靈感就來自魯賓遜風速計。

不只如此

在氣象觀測領域活躍的器材

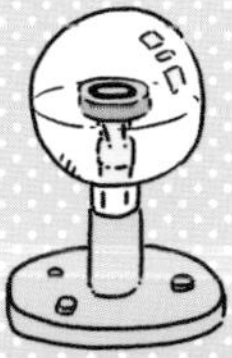

全天日射計

日射指的是太陽光的能量。玻璃球內部黑與白的區域的溫差會產生電壓，數據可記錄下來。1957年由英弘精機（股份有限公司）成功於日本生產。

自記式毛髮濕度計

利用毛髮會隨濕度變化而伸縮的性質所製作的儀器。內部的圓柱狀紀錄紙採發條式旋轉，並依此留下資料。活躍於 1915～1980 年間的日本氣象廳。

蒸發計

加入定量的水，透過測量水減少的量，調查蒸發量。為了避免鳥類等動物汲取裡面的水，所以裝上金屬柵欄。活躍於 1965 年左右的日本氣象廳。

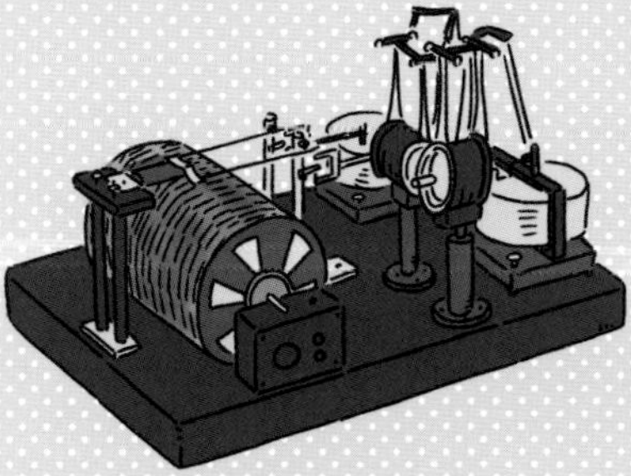

簡單地震儀

屬於結構簡單、價格便宜的地震儀類型，透過兩個水平擺錘的擺動感知振動。發生地震時，與擺錘連動的針會在大型滾筒紀錄紙上移動，將振動記錄下來。活躍於 1940 年代的日本氣象廳。

風箏

觀察高空氣象狀況的器材。搭載自記式氣壓計、氣溫計、風速計等儀器，觀測時將它放上 3000 公尺高空。活躍於 1922～1946 年的日本氣象廳。

世上最早的pH廣用試紙君們

喔，既然你們在，就代表接下來是與pH相關的前輩嗎？
沒錯喔。
嗯嗯
桌上型pH計君和電極君
pH廣用試紙君

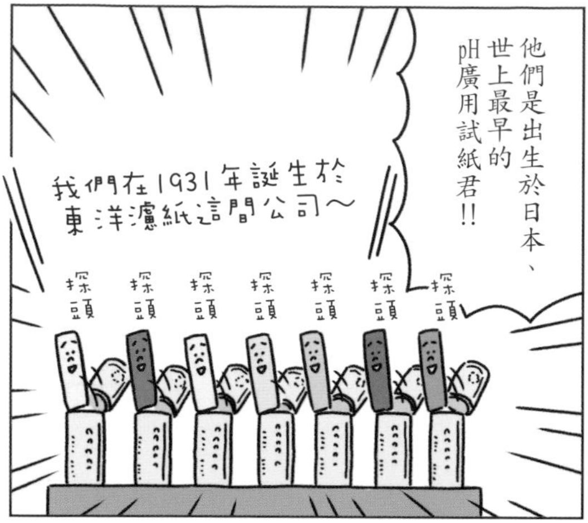
他們是出生於日本、世上最早的pH廣用試紙君!!
我們在1931年誕生於東洋濾紙這間公司～
探頭
探頭
探頭
探頭
探頭
探頭
探頭

哇!!世界第一!!太厲害了!!

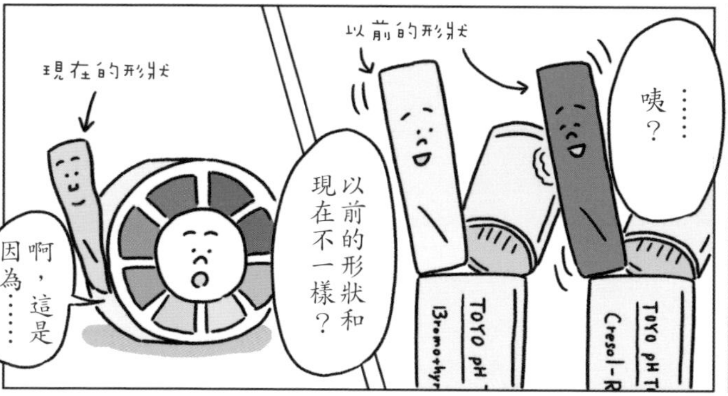
……咦？
以前的形狀
以前的形狀和現在不一樣？
現在的形狀
啊，這是因為……

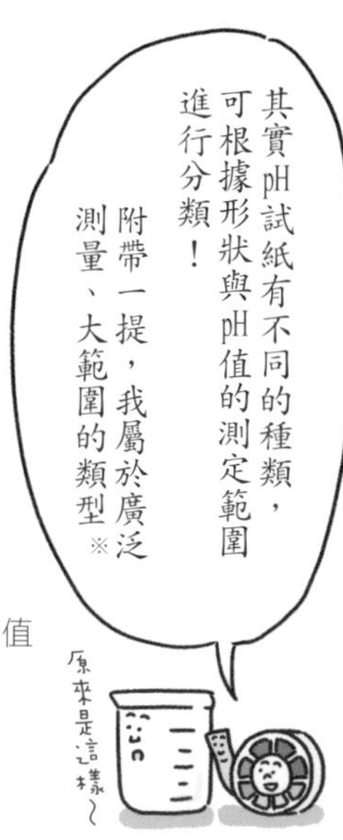
其實pH試紙有不同的種類，可根據形狀與pH值的測定範圍進行分類！
附帶一提，我屬於廣泛測量、大範圍的類型※
原來是這樣～

就是這樣。
我們這些世上最早的pH廣用試紙屬於書型，是精密測量小範圍pH值的類型。
各自測量的範圍都不一樣，所以一套七冊不分開販賣。
原來如此～

pH 廣用試紙的類型

形狀

捲型　書型

測定範圍

廣泛測量	精密測量
大範圍 pH 值的類型	小範圍 pH 值的類型

※捲型也有精密測量小範圍pH值的類型。

使用方法也和現在一樣。滴上想要測量的液體後，比較試紙與色票的顏色，就能判斷pH值。
玻璃棒
樣品
滴
變色了～
色票
6.4
6.6
6.8
7.0
pH值是6.6!!
1930年代的人們就能做出與現在幾乎相同的東西，很驚人吧？
代表當時的器材完成度已經相當高了。
的確!!
不過……一開始有點陷入苦戰～
沒錯，畢竟我們剛出道的時候，pH完全不是主流。
還被部分學者說「這種東西是玩具」……
我是不會認同的!!
沒錯～
嗯嗯
發生過呢～
有這種事啊…
不過，產業界的人發現了我們的便利性……在各式各樣的場合推廣。
這樣就能輕鬆調整pH值!!
鍍金加工業者
喔喔!!
可以用來檢驗酒的品質呢!!
酒類製造業者
醬油製造業者
到了現在──，無論是pH值還是pH試紙都變得理所當然，就連中小學的實驗也會使用喔！
因此pH會成為主流，都是我們的功勞喔～
嘿嘿
感謝你們
說你們是玩具的人，也沒有預料到未來會這樣發展呢！
真抱歉～
哈哈哈，或許吧～

世上最早的pH廣用試紙君們

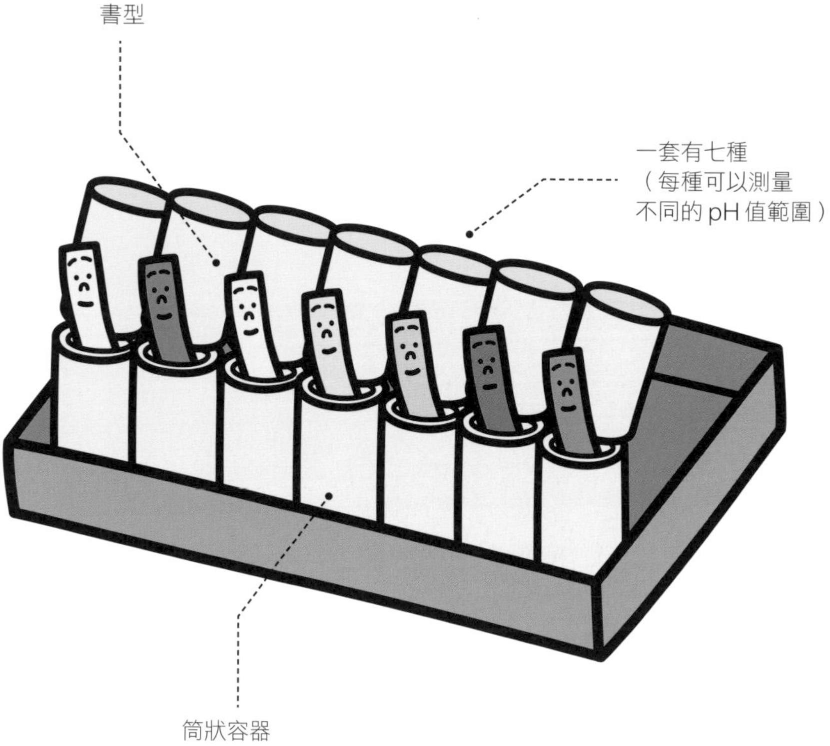
書型
一套有七種
（每種可以測量
不同的 pH 值範圍）
筒狀容器

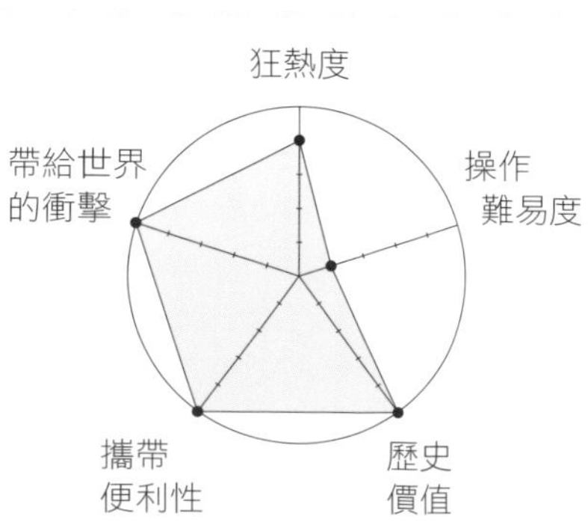
狂熱度
操作
難易度
歷史
價值
攜帶
便利性
帶給世界
的衝擊

正式名稱 pH 廣用試紙
擅長技能 輕鬆測量 pH 值
製造年代 1931 年

〈冷知識〉

一開始販賣時並不叫 pH 廣用試紙，而是叫做氫離子濃度試驗紙。

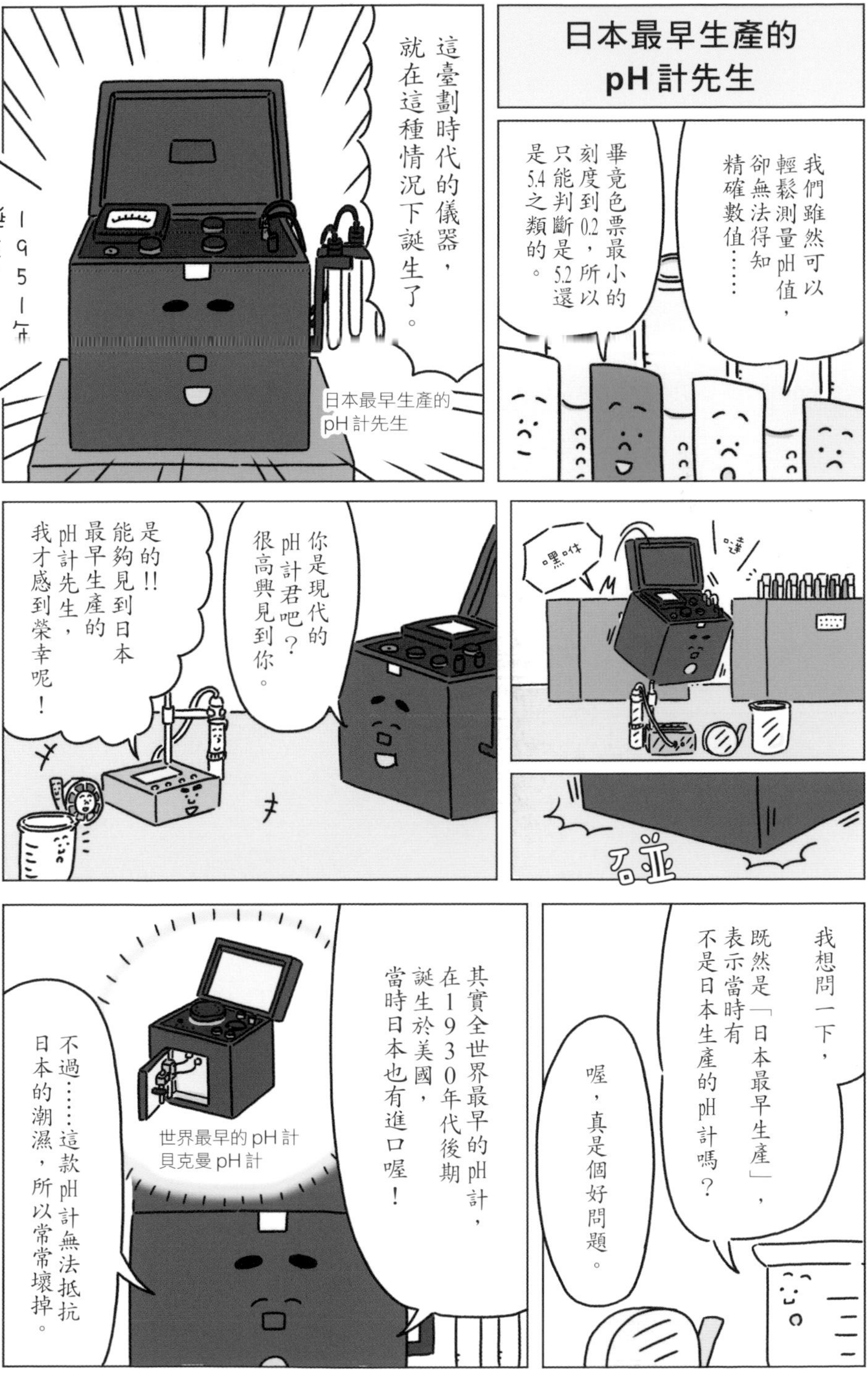
日本最早生產的 pH計先生
我們雖然可以輕鬆測量pH值，卻無法得知精確數值……
畢竟色票最小的刻度到0.2，所以只能判斷是5.2還是5.4之類的。
這臺劃時代的儀器，就在這種情況下誕生了。
1951年誕生～
日本最早生產的 pH計先生
嘿咻
噠
碰
你是現代的pH計君吧？很高興見到你。
是的!!能夠見到日本最早生產的pH計先生，我才感到榮幸呢！
我想問一下，既然是「日本最早生產」，表示當時有不是日本生產的pH計嗎？
喔，真是個好問題。
其實全世界最早的pH計，在1930年代後期誕生於美國，當時日本也有進口喔！
不過……日本的潮濕，這款pH計無法抵抗，所以常常壞掉。
世界最早的 pH計 貝克曼 pH計

這時登場的就是我的製作者堀場先生了。
他是堀場製作所這間公司的創辦人。
堀場雅夫
（1924－2015）
1945年，戰爭剛結束，堀場雅夫還在讀大學時，成立了堀場無線電研究所※
大學裡的原子核研究設備被美軍破壞了…
自己想做的研究只能自己來做!!
喀擦 喀擦
※堀場製作所的前身。
到了1950年左右，正在研發電子零件的堀場雅夫，因為過程中需要測量pH值，於是自己製作了pH計。
舶來品又貴又容易壞，所以我自己做了一臺!!
喔喔!! 這麼一來，研究就能更順利了。
也就是說，這臺機器一開始只是做來自己用的。
嗶 嗶 嗶…
測定中
後來，電子零件的研發也順利進行，正當堀場先生準備著手建設工廠時，
發生了一件事情…
吞口水
受到1950年開打的韓戰影響，原物料價格上漲，工廠建設計畫因此泡湯。堀場先生也背負了高額債務……
可惡
嗚嗚…
碰

這樣下去不太妙，
必須想辦法突破現況⋯⋯
有沒有什麼產品只要投資少少的設備就能賣⋯⋯
東張西望
有了!!就是pH計！
只要少少的材料費就能製作!!
測定中
結果——，一開賣就立刻變得搶手!!
這臺機器好，不但耐濕氣，又堅固!!
而且可以用很久!!
買pH計就要買國貨!!
於是，堀場先生就這樣化解了經營危機，公司持續成長，pH計也不斷的進化！
pH計竟然拯救了公司。我覺得好驕傲!!
不過，我沒想到pH計的尺寸可以像這樣縮小到一半呢！
真的耶!!說不定再過100年，又會變得更小了。
變得更小⋯

日本最早生產的pH計先生

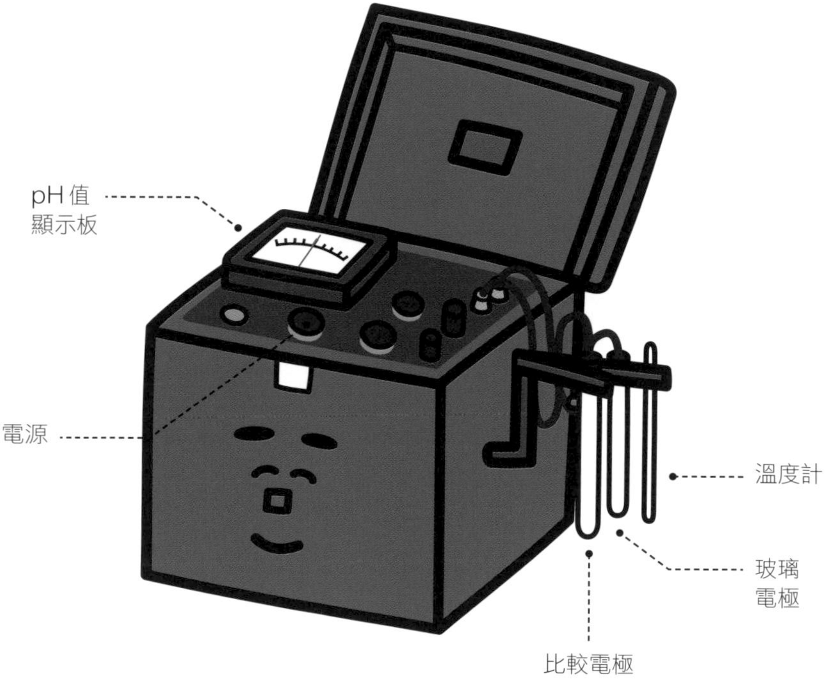
pH 值
顯示板
電源
溫度計
玻璃
電極
比較電極

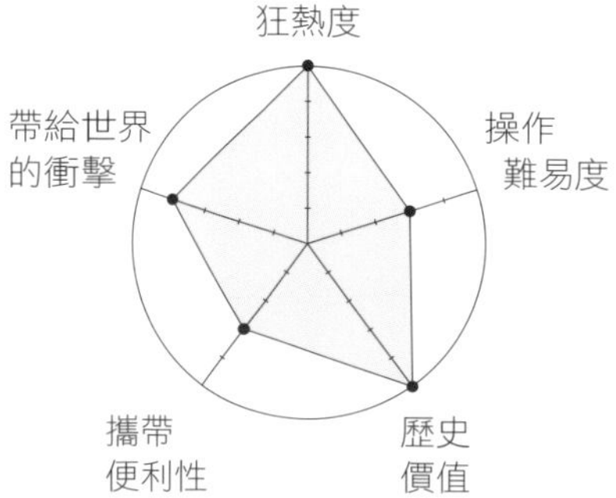
狂熱度
操作
難易度
歷史
價值
攜帶
便利性
帶給世界
的衝擊

正式名稱 H 型 pH 計
擅長技能 測量精密的 pH 值
製造年代 1951 年

〈冷知識〉

本體背面有個可以收納電極的空間，並裝有小型門扉。

堀場製作所的
桌上型pH計改良之路

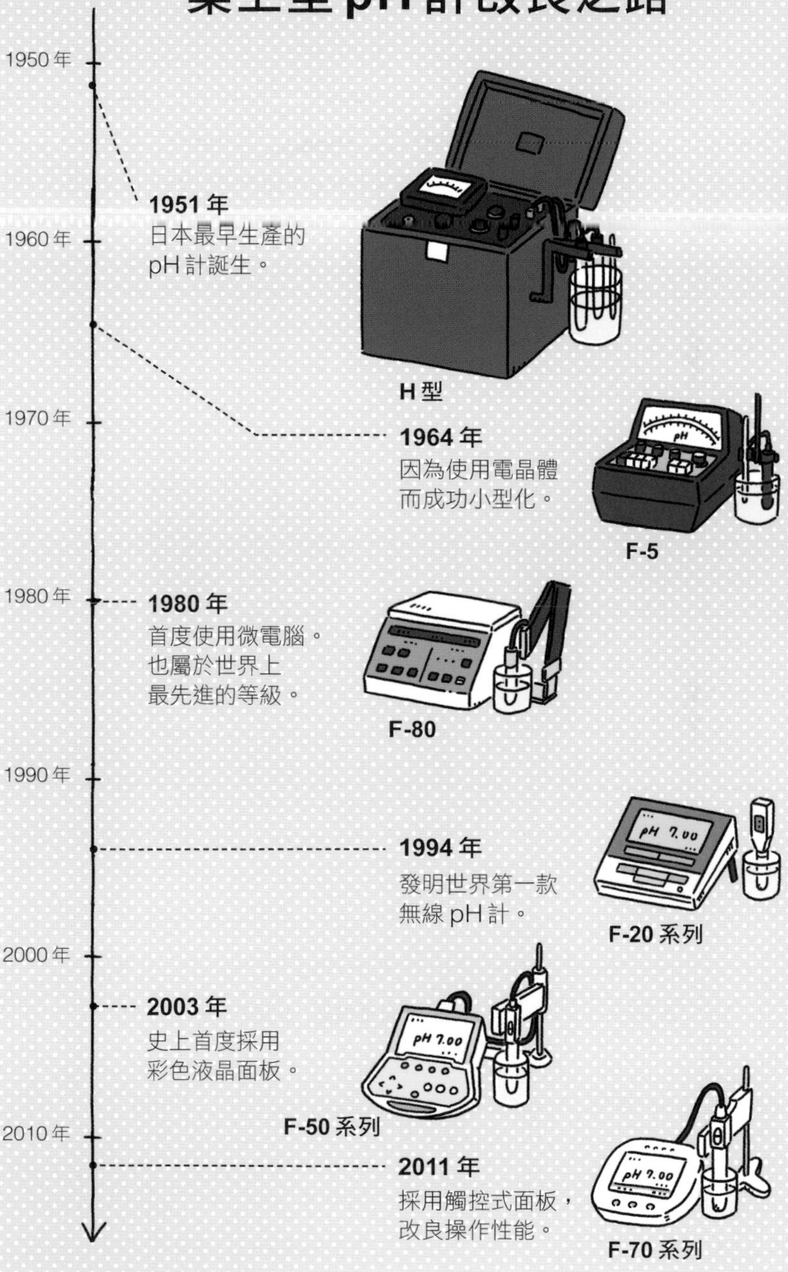
1950年
1951年
日本最早生產的
pH計誕生。
1960年
H型
1970年
1964年
因為使用電晶體
而成功小型化。
F-5
1980年
1980年
首度使用微電腦。
也屬於世界上
最先進的等級。
F-80
1990年
1994年
發明世界第一款
無線pH計。
F-20系列
2000年
2003年
史上首度採用
彩色液晶面板。
F-50系列
2010年
2011年
採用觸控式面板，
改良操作性能。
F-70系列

和前輩一起話當年

02

以前在學校或公共區域的角落，都設有氣象觀測站（稱為觀測坪），塗上白漆的百葉箱，筆直豎立在為了防止地面反射而茂密種植的草皮上！懷著有點類似打開佛壇的敬畏心情拉開箱門，就會看到最高、最低溫度計、空盒氣壓計、乾濕球計……等「量測的前輩」成排鎮守在百葉箱裡，緊緊抓住科學少年的心——光是這樣就足以讓器材迷亢奮了。而一旁柱子上一邊吹著風、一邊不斷旋轉的魯濱遜風速計，更是帥氣到值得特別一提。但這些器材最近逐漸被自動氣象觀測站取代了。

眼睛看不見的風難以量測，所以歷史上出現各種精心設計的「量測前輩」。在極早期的時候，第1章登場的虎克就曾設計出風壓計，利用懸掛的板子被風吹而傾斜的角度，來測量風壓。此後誕生了無數的風速計，譬如以管子的一端朝著上風處以測量壓力的達因風速計、透過螺旋槳的旋轉數測量風速的飛機型風速計、長得像小型通風扇的翼形風速計等。富士山頂的測候所（2004年關閉，現在使用自動儀器觀測）因可動裝置在冬季結冰，導致風速計無法使用，因此早期想出了以豎立的棒子被風吹彎的曲度來測量風速的裝置。不過，現代已有風速計可測量空氣中的超音波速度（空氣流量變化）、熱的物體因風吹而冷卻的程度。這許多的發明，讓人得以一窺持續挑戰測量風速這個主題的科學家豐富的想像力。

這些發明中，多個風杯受風旋轉的魯濱遜風速計，自19世紀中被設計出來之後，就一直是熱門的氣象觀測代表選手。即使不再用於現代觀測，依然可以在船舶、機場、高樓大廈等看見它的身影。就如正文所寫的，齒輪的刻度能夠表現風杯的旋轉數，觀測者就藉由讀取刻度計算風速（但如果發呆很容易漏看）。當然，近年的風速計已經能夠以電子化的方式測量旋轉數，自動記錄風速了（所以就算發呆也沒問題……笑）。

CHAPTER 3
進行計算的前輩

進行計算的前輩

進行計算的前輩

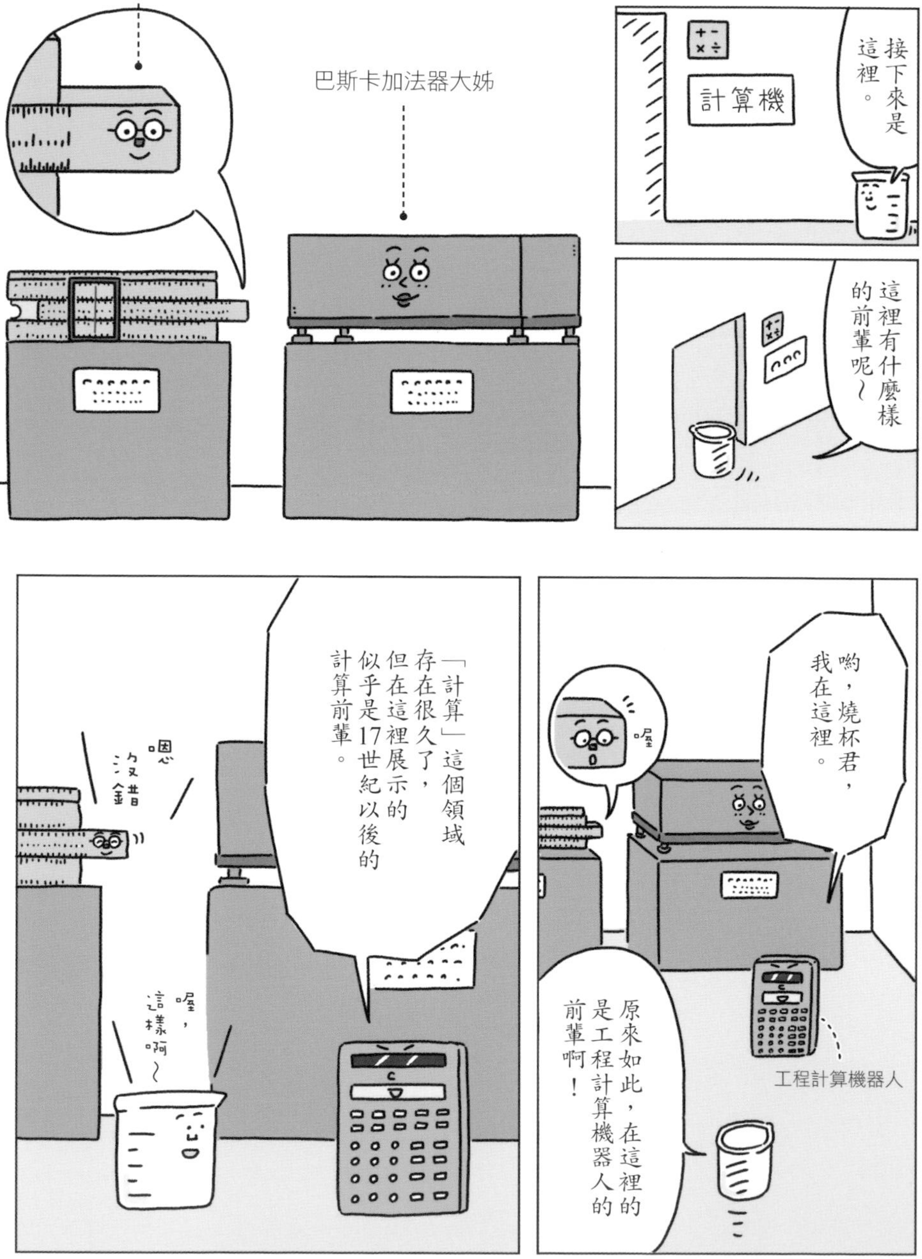
接下來是這裡。
計算機
這裡有什麼樣的前輩呢～
計算尺大哥
巴斯卡加法器大姊
喲，燒杯君，我在這裡。
喔
原來如此，在這裡的前輩是工程計算機器人啊！
工程計算機器人
「計算」這個領域存在很久了，但在這裡展示的似乎是17世紀以後的計算前輩。
嗯 沒錯
喔，這樣啊～

進行計算的前輩

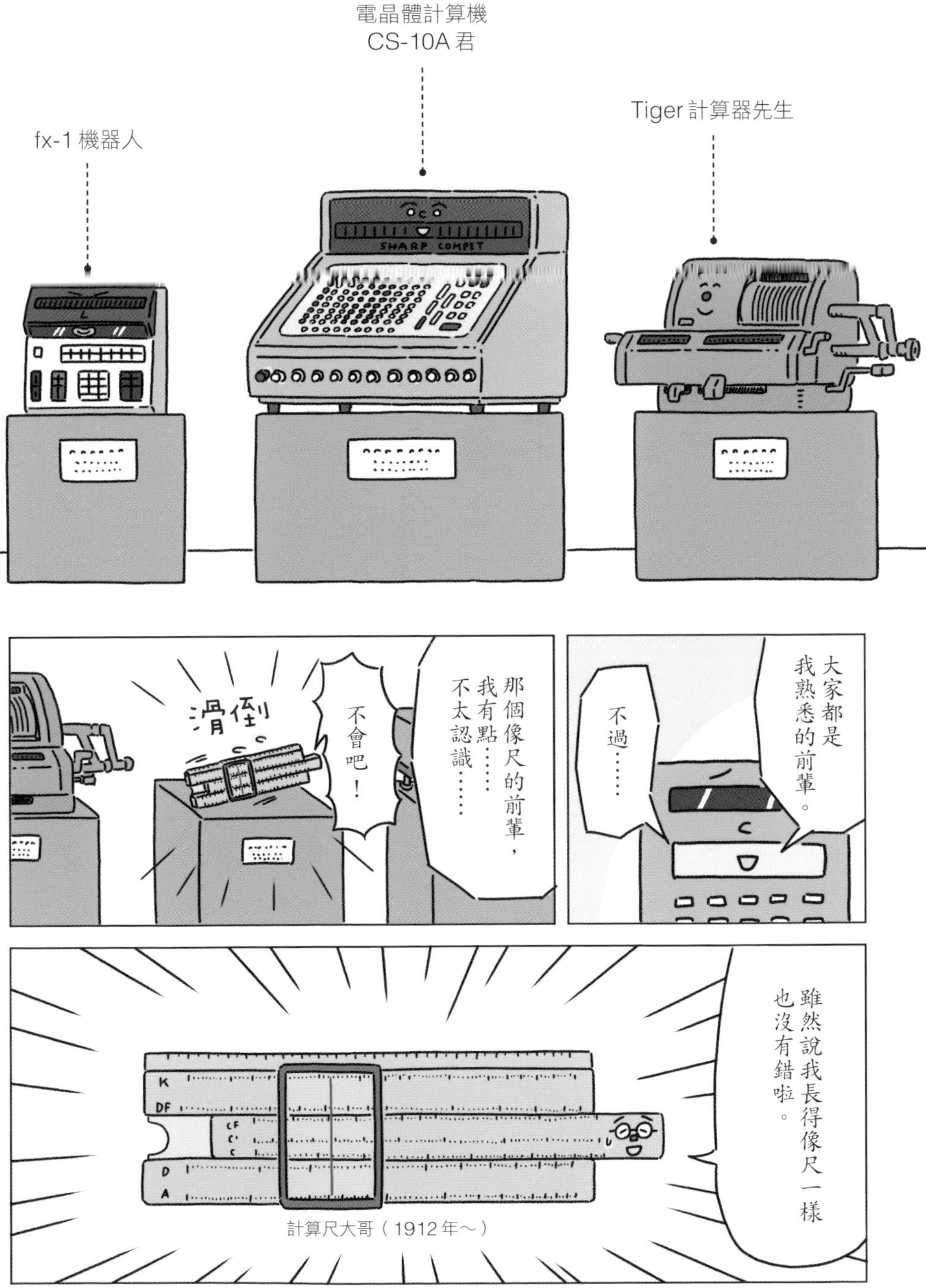
電晶體計算機
CS-10A 君
Tiger 計算器先生
fx-1 機器人
SHARP COMPET
大家都是我熟悉的前輩。
不過……
那個像尺的前輩，我有點不太認識……
不會吧！
滑倒
雖然說我長得像尺一樣也沒有錯啦。
計算尺大哥（1912年～）

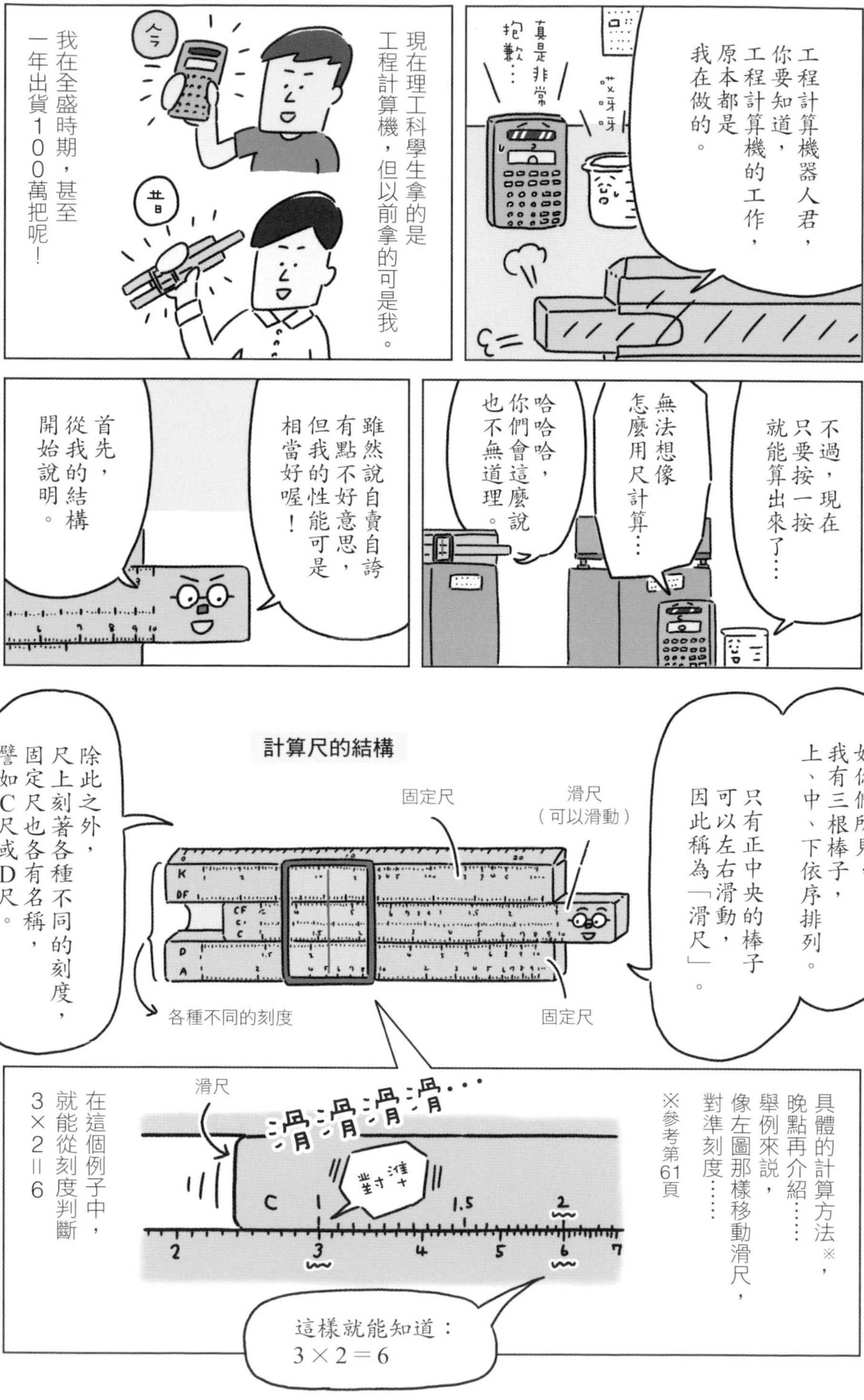
工程計算機器人君，你要知道，工程計算機的工作，原本都是我在做的。
真是非常抱歉…
哎呀呀
現在理工科學生拿的是工程計算機，但以前拿的可是我。
今
昔
我在全盛時期，甚至一年出貨100萬把呢！
不過，現在只要按一按就能算出來了…
無法想像怎麼用尺計算…
哈哈哈，你們會這麼說也不無道理。
雖然說自賣自誇有點不好意思，但我的性能可是相當好喔！
首先，從我的結構開始說明。
如你們所見，我有三根棒子，上、中、下依序排列。只有正中央的棒子可以左右滑動，因此稱為「滑尺」。
計算尺的結構
固定尺
滑尺（可以滑動）
K
DF
CF
CI
C
D
A
固定尺
各種不同的刻度
除此之外，尺上刻著各種不同的刻度，固定尺也各有名稱，譬如C尺或D尺。
具體的計算方法※，晚點再介紹……舉例來說，像左圖那樣移動滑尺，對準刻度……
※參考第61頁
滑尺
滑滑滑滑…
對準
C
1
1.5
2
2
3
4
5
6
7
在這個例子中，就能從刻度判斷3×2＝6
這樣就能知道：3×2＝6

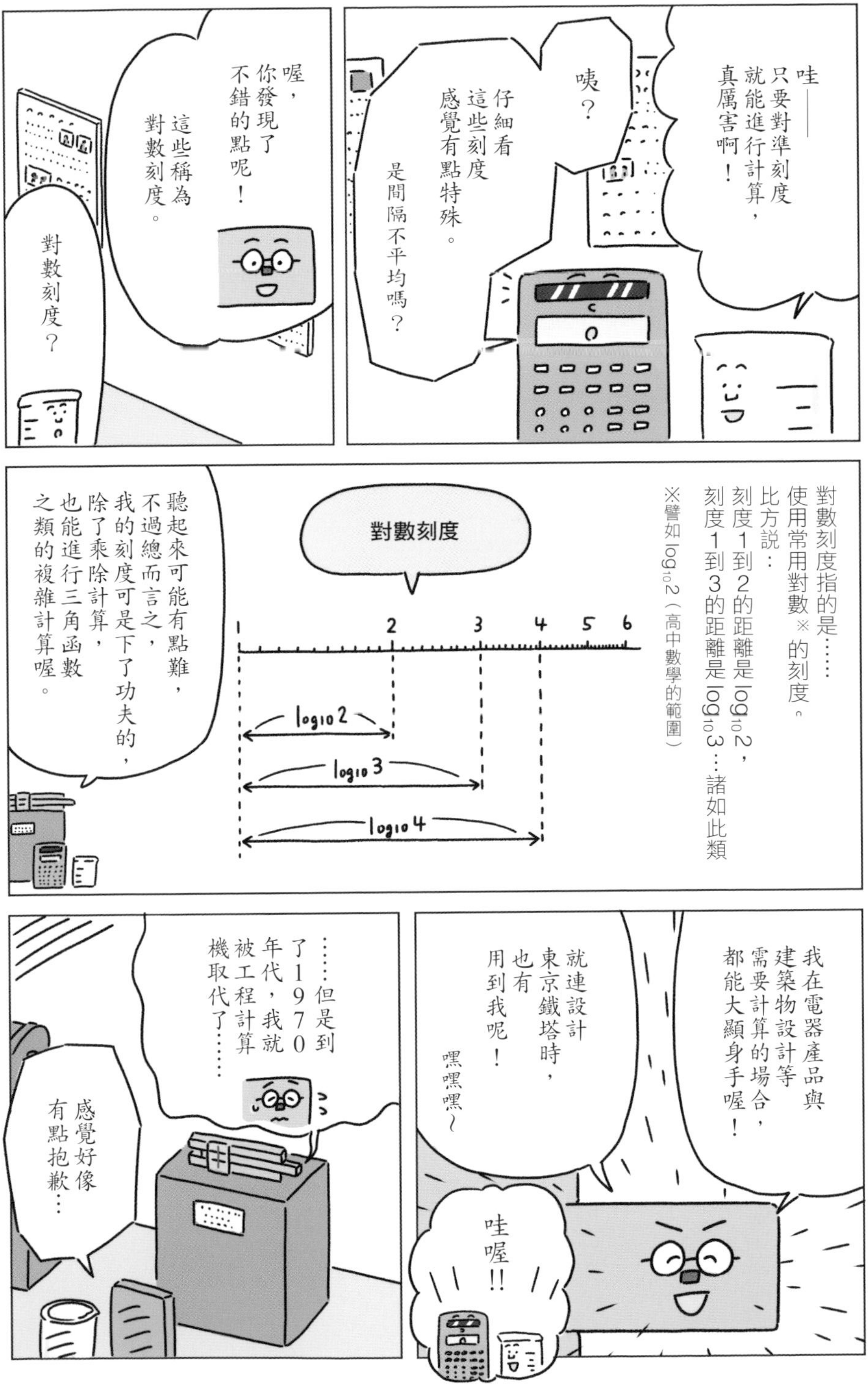
哇——只要對準刻度就能進行計算，真厲害啊！
咦？
仔細看這些刻度感覺有點特殊。
是間隔不平均嗎？
喔，你發現了不錯的點呢！
這些稱為對數刻度。
對數刻度？
對數刻度指的是……使用常用對數※的刻度。比方說：刻度1到2的距離是$\log_{10}2$，刻度1到3的距離是$\log_{10}3$…諸如此類
※譬如$\log_{10}2$（高中數學的範圍）
對數刻度
1 2 3 4 5 6
$\log_{10}2$
$\log_{10}3$
$\log_{10}4$
聽起來可能有點難，不過總而言之，我的刻度可是下了功夫的，除了乘除計算，也能進行三角函數之類的複雜計算喔。
我在電器產品與建築物設計等需要計算的場合，都能大顯身手喔！
就連設計東京鐵塔時，也有用到我呢！
嘿嘿嘿～
哇喔!!
……但是到了1970年代，我就被工程計算機取代了……
感覺好像有點抱歉……

計算尺大哥

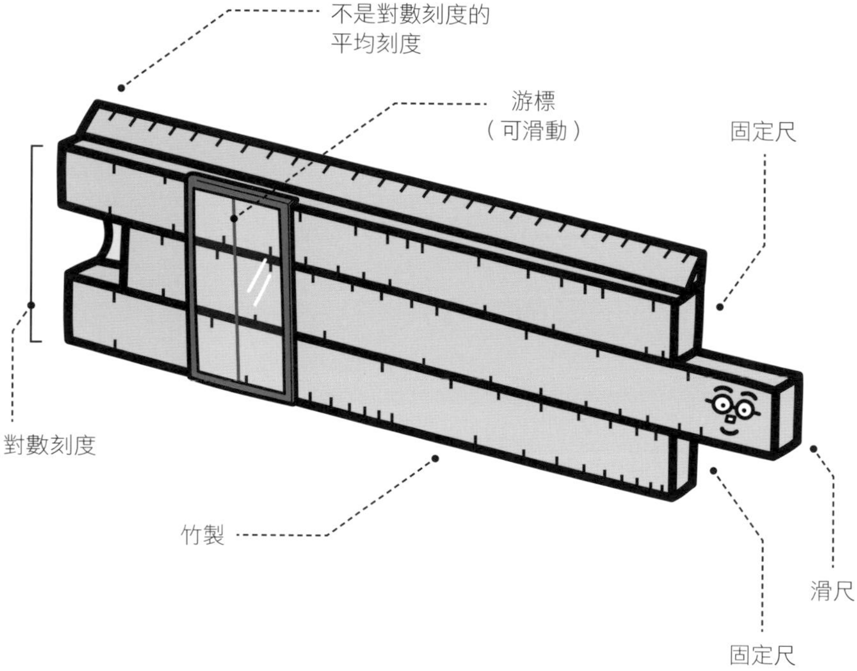
不是對數刻度的
平均刻度
游標
（可滑動）
固定尺
對數刻度
竹製
滑尺
固定尺

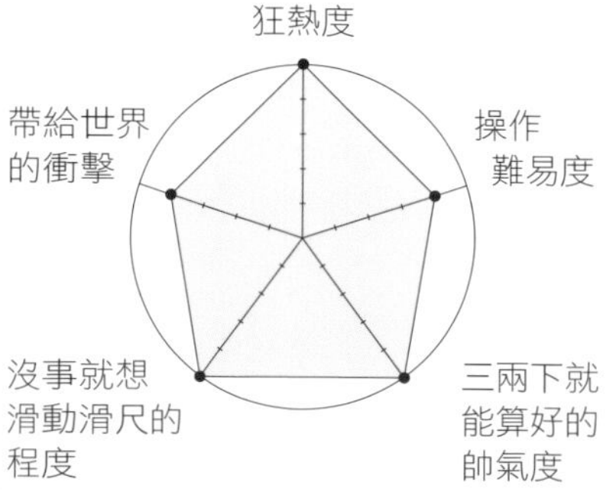
狂熱度
操作
難易度
三兩下就
能算好的
帥氣度
沒事就想
滑動滑尺的
程度
帶給世界
的衝擊

正式名稱 HEMMI 計算尺

擅長技能 對準刻度，進行複雜的計算

製造年代 1912 年～

〈冷知識〉

除了一般計算尺，也有專為某個領域設計的類型，譬如卡路里計算尺、航空計算尺等。

計算尺的使用方法

（以 No.2664S 為例）

（1）想要計算 1.5×3.2 時

❶ 將滑尺（C 尺）往右滑，並將刻度 1，對準下面（D 尺）的刻度 1.5。

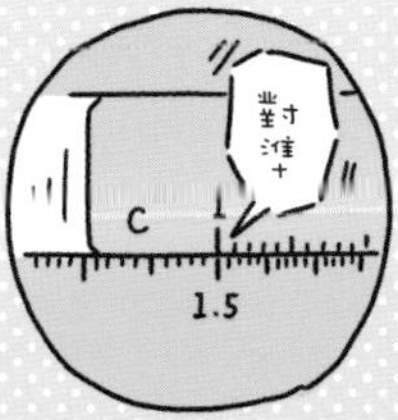

❷ 判讀 C 尺的 3.2 所對到的 D 尺刻度。

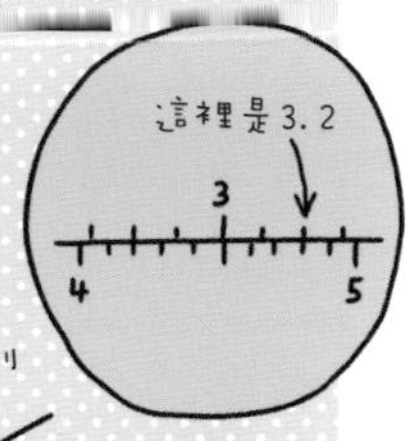

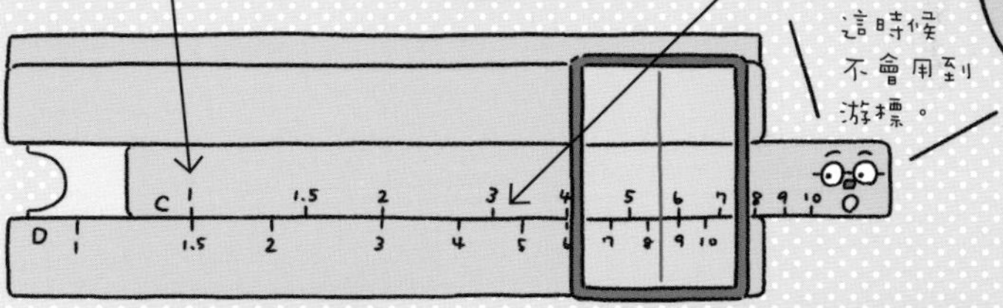

可以看出來答案是「**4.8**」!!

（2）想要計算 2^3（也就是 2×2×2）時

❶ 將 D 尺刻度的 2，與游標的紅線重合。

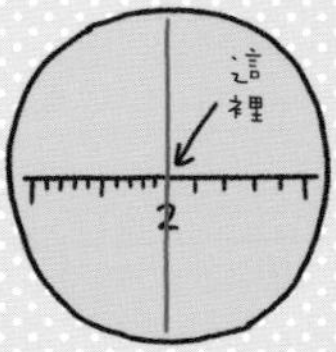

❷ 從最上方的刻度（K 尺）中，判讀與紅線重合的數字。

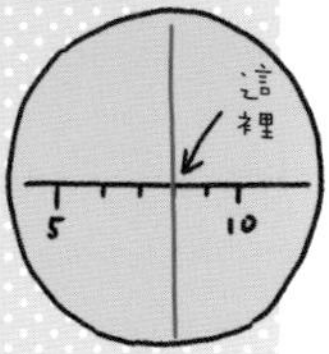

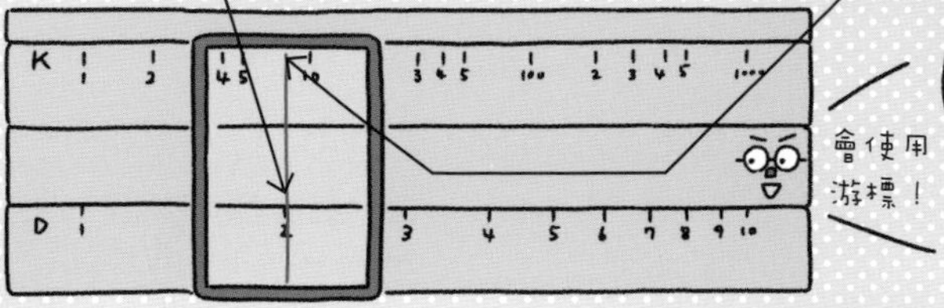

※（2）的情況不會用到滑尺的刻度

可以看出來答案是「**8**」!!

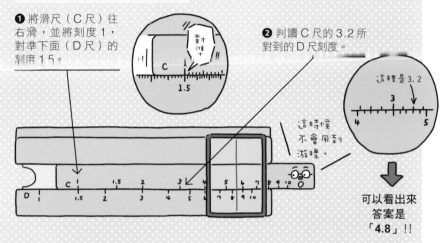

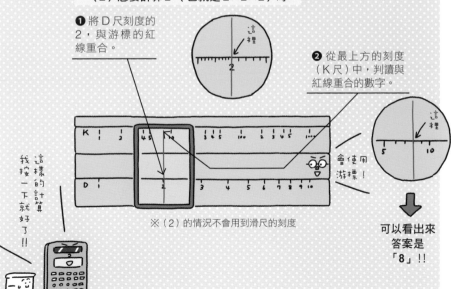

巴斯卡加法器大姊
對了，
接下來為你們介紹這一位吧！
請多指教
她是在法國出生的巴…
巴斯卡加法器大姊對吧！
我當然會知道!!
你竟然知道她！
那怎麼不認識我…
這位大姊誕生在法國，是現存最古老的機械式計算機對吧！
你真清楚啊……
呵呵呵！
機器人君說得沒錯，
我在17世紀時誕生於法國。
我的製造者是巴斯卡先生，他的名字也是壓力的單位名稱喔！
巴斯卡（1623－1662）
人只是一枝會思考的蘆葦。
1642年，巴斯卡為了減輕擔任稅務官※的父親的工作，埋首製作能夠自動計算的機器……
當時16歲的巴斯卡
為了幫助爸爸…
努力設計…
寫寫
三年之後，成功研發出機器！
這麼一來爸爸也會變輕鬆吧！
巴斯卡先生真是孝順～

※從事稅金計算與徵收等業務的人。

巴斯卡加法器的使用方式

① 使用轉盤輸入數字，數字就會出現在顯示窗中。
↓
② 使用轉盤輸入想要相加的數字。
↓
③ 顯示窗中就會出現答案。

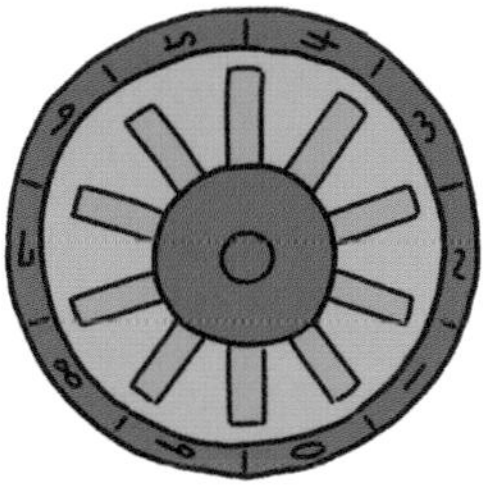

轉盤
以專用工具勾住想要的數字並轉動就能輸入數字。

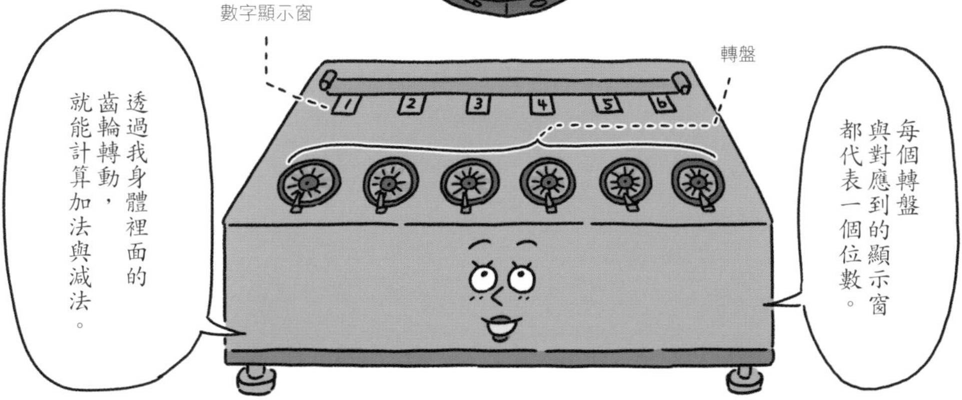
數字顯示窗
轉盤
每個轉盤與對應到的顯示窗都代表一個位數。
透過我身體裡面的齒輪轉動，就能計算加法與減法。

附帶一提，巴斯卡先生製作了50台以上像我這樣的機器，打算拿來賣……
您在當時算是相當劃時代的產品吧!!
好像很有用!!
事實是……一台也沒有賣掉。
原因之一是，據說當時的人不習慣接觸機器，而且人家還被賣得很貴……
唉……真是的，
看來好東西也不一定賣得掉呢……

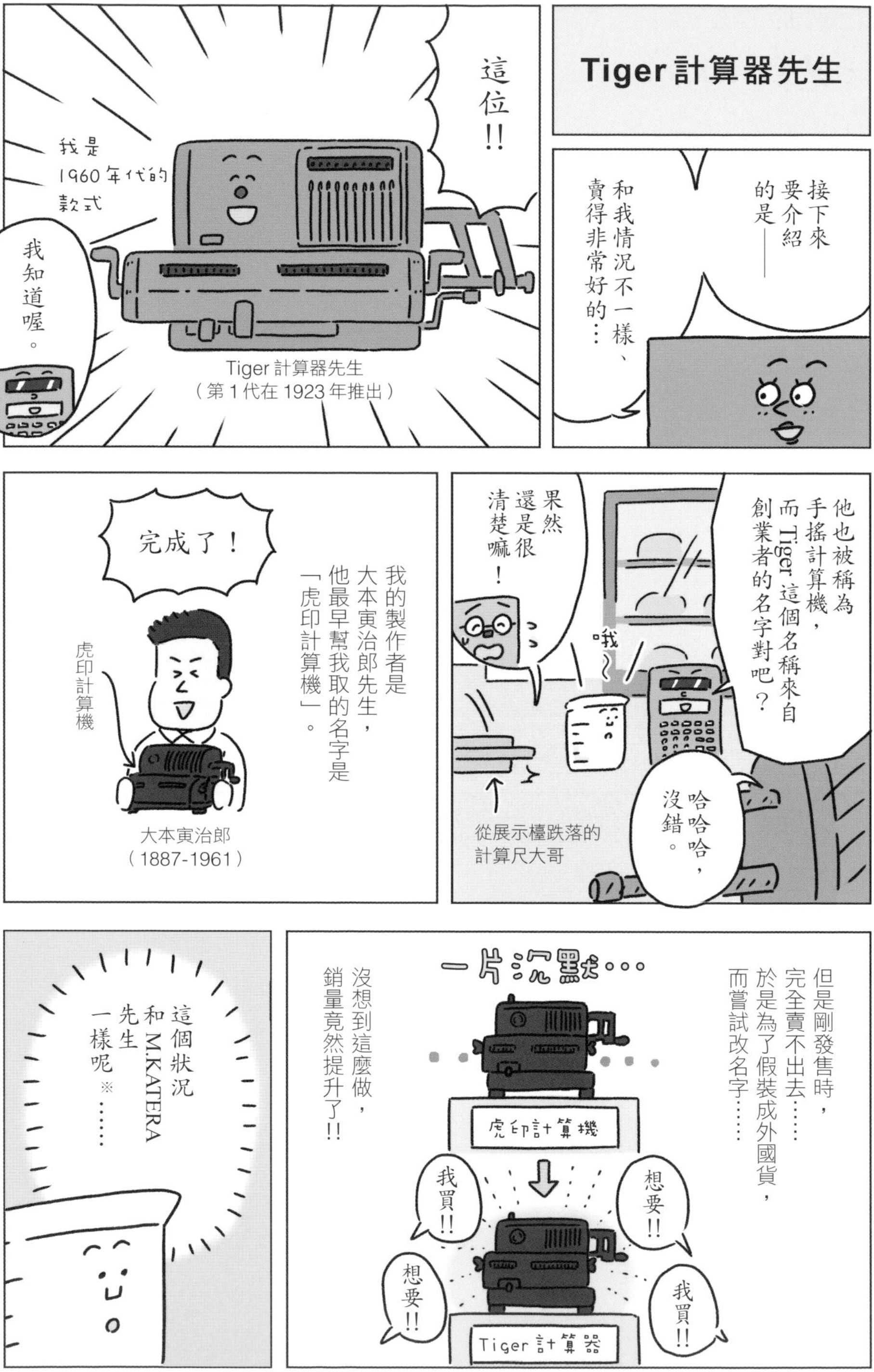
Tiger計算器先生
接下來要介紹的是——
和我情況不一樣、賣得非常好的……
這位!!
我是1960年代的款式
我知道喔。
Tiger計算器先生
（第1代在1923年推出）
他也被稱為手搖計算機，而Tiger這個名稱來自創業者的名字對吧？
哈哈哈，沒錯。
果然還是很清楚嘛！
哦～
從展示檯跌落的計算尺大哥
我的製作者是大本寅治郎先生，他最早幫我取的名字是「虎印計算機」。
完成了！
虎印計算機
大本寅治郎
（1887-1961）
但是剛發售時，完全賣不出去……於是為了假裝成外國貨，而嘗試改名字……
一片沉默…
虎印計算機
沒想到這麼做，銷量竟然提升了!!
想要!!
我買!!
我買!!
想要!!
Tiger計算器
這個狀況和M.KATERA先生一樣呢※……

※參考第24頁。

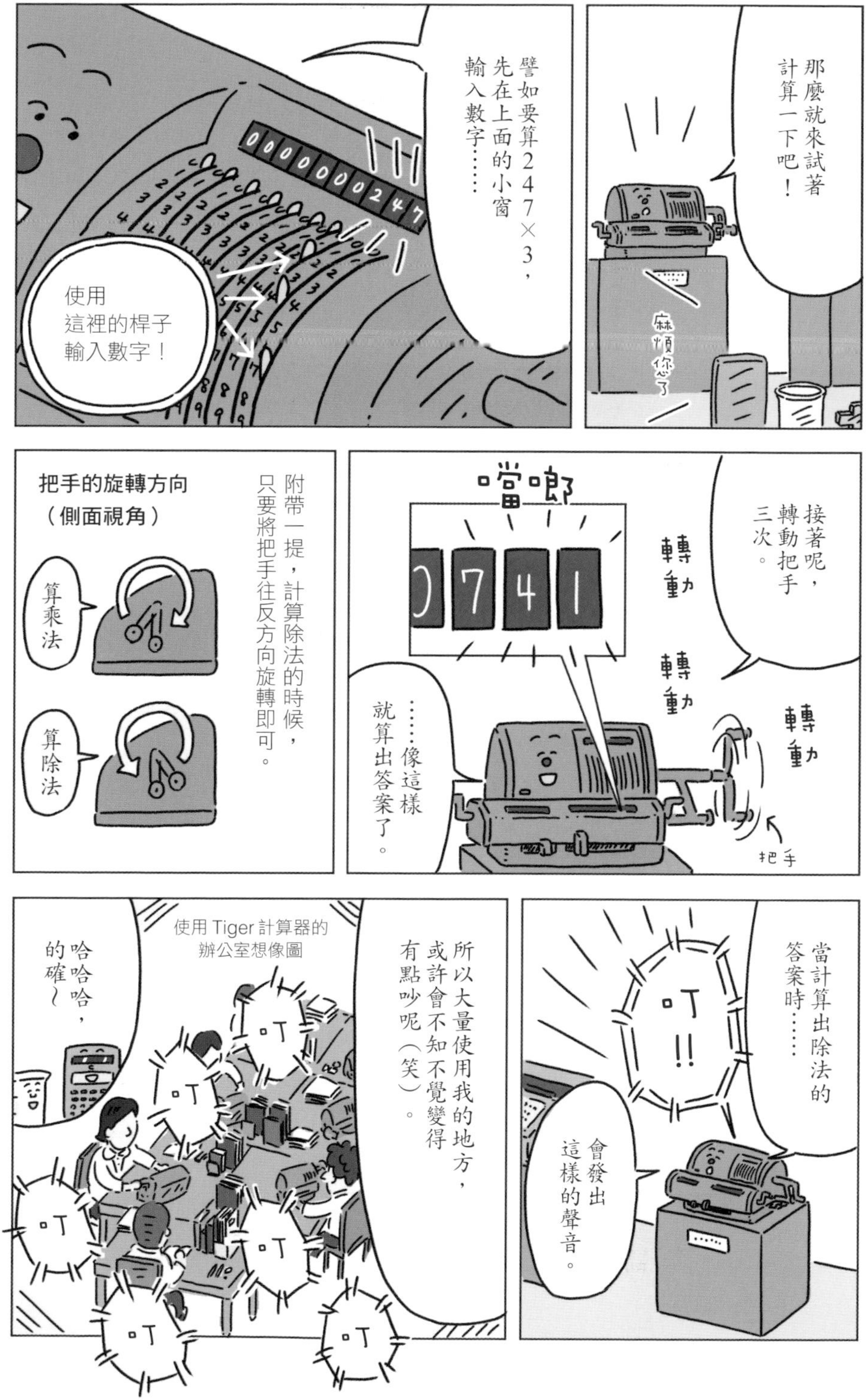
那麼就來試著計算一下吧！
麻煩您了
譬如要算247×3，先在上面的小窗輸入數字……
使用這裡的桿子輸入數字！
接著呢，轉動把手三次。
轉動
轉動
轉動
把手
噹啷
0741
……像這樣就算出答案了。
附帶一提，計算除法的時候，只要將把手往反方向旋轉即可。
把手的旋轉方向（側面視角）
算乘法
算除法
當計算出除法的答案時……
叮!!
會發出這樣的聲音。
所以大量使用我的地方，或許會不知不覺變得有點吵呢（笑）。
使用 Tiger 計算器的辦公室想像圖
哈哈哈，的確～
叮

巴斯卡加法器大姊

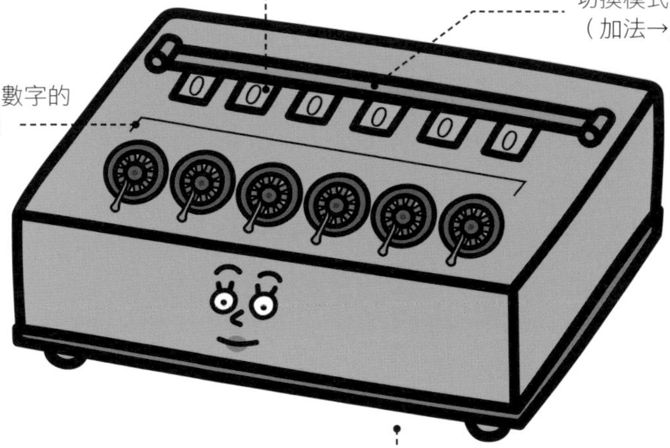
數字顯示窗
切換模式的板子
（加法→減法）
輸入數字的
轉盤
0 0 0 0 0 0
金屬製

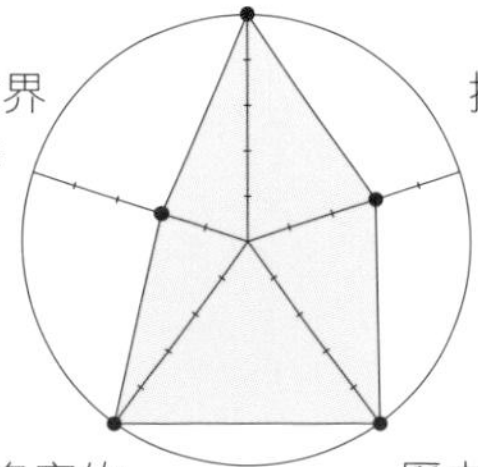
狂熱度
操作
難易度
歷史價值
的高度
名字的
法國感
帶給世界
的衝擊

正式名稱 巴斯卡加法器

擅長技能 四則運算

製造年代 17 世紀中期

〈冷知識〉

巴斯卡加法器有一般計算用款式與貨幣計算用款式（本書登場的是一般計算用款式）。

Tiger 計算器先生

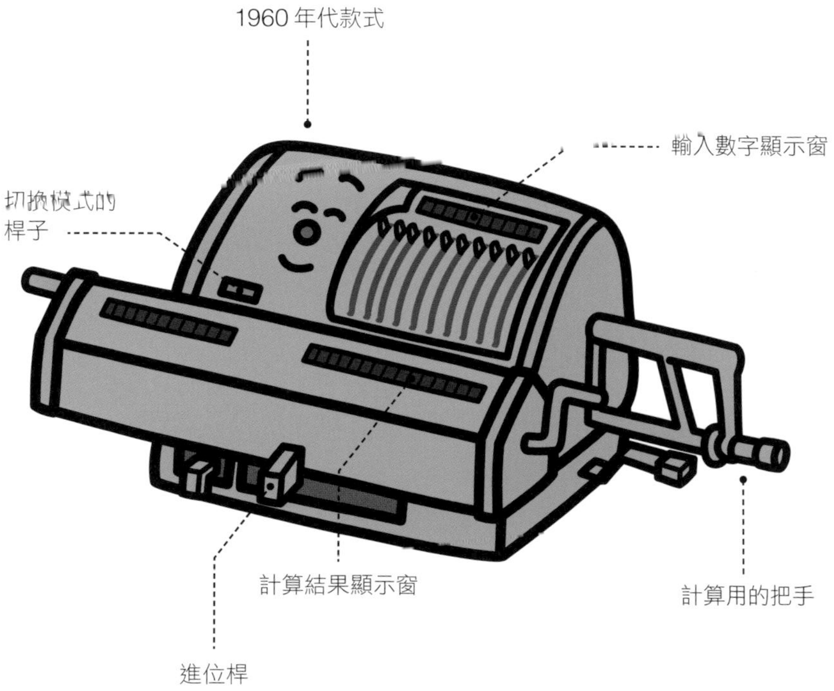
1960 年代款式
輸入數字顯示窗
切換模式的
桿子
計算結果顯示窗
計算用的把手
進位桿

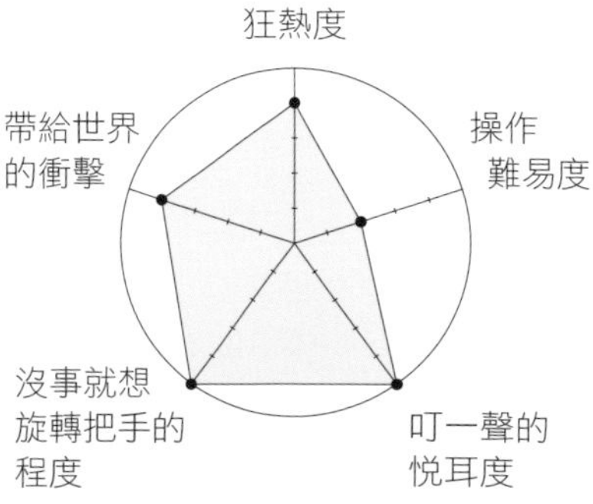
狂熱度
操作
難易度
叮一聲的
悅耳度
沒事就想
旋轉把手的
程度
帶給世界
的衝擊

正式名稱 Tiger 計算器
擅長技能 四則運算
製造年代 第 1 代在 1923 年推出

〈冷知識〉

根據製造年代大致可分為六種款式，所有款式的銷售總數將近 50 萬台。

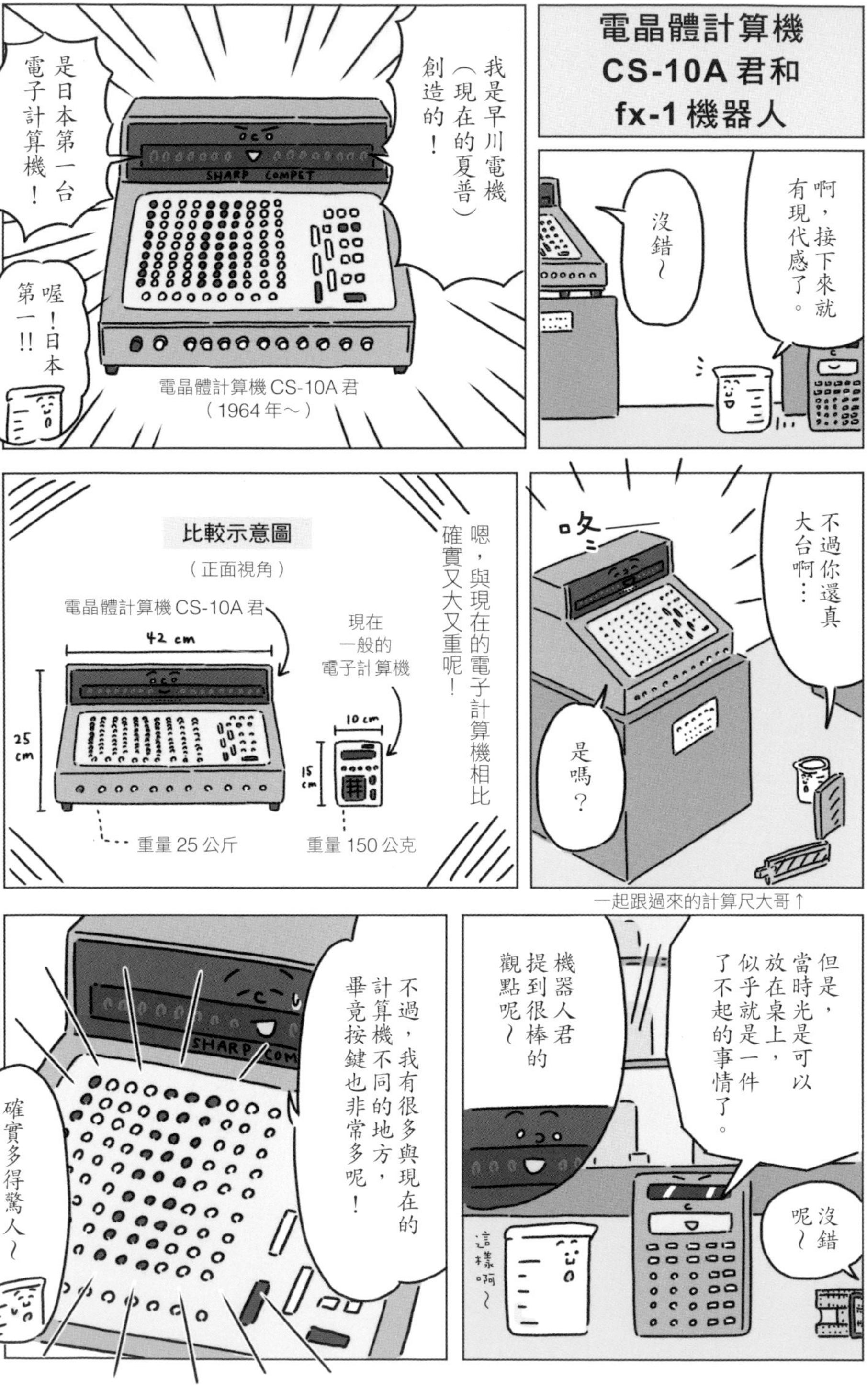
電晶體計算機 CS-10A 君和 fx-1 機器人
我是早川電機（現在的夏普）創造的！
是日本第一台電子計算機！
SHARP COMPET
喔！日本第一!!
電晶體計算機 CS-10A 君
（1964 年～）
啊，接下來就有現代感了。
沒錯～
咚ミ
不過你還真大台啊…
是嗎？
一起跟過來的計算尺大哥↑
嗯，與現在的電子計算機相比確實又大又重呢！
比較示意圖
（正面視角）
電晶體計算機 CS-10A 君
42 cm
25 cm
重量 25 公斤
現在一般的電子計算機
10 cm
15 cm
重量 150 公克
但是，當時光是可以放在桌上，似乎就是一件了不起的事情了。
機器人君提到很棒的觀點呢～
沒錯呢～
這樣啊～
不過，我有很多與現在的計算機不同的地方，畢竟按鍵也非常多呢！
SHARP COM
確實多得驚人～

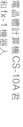

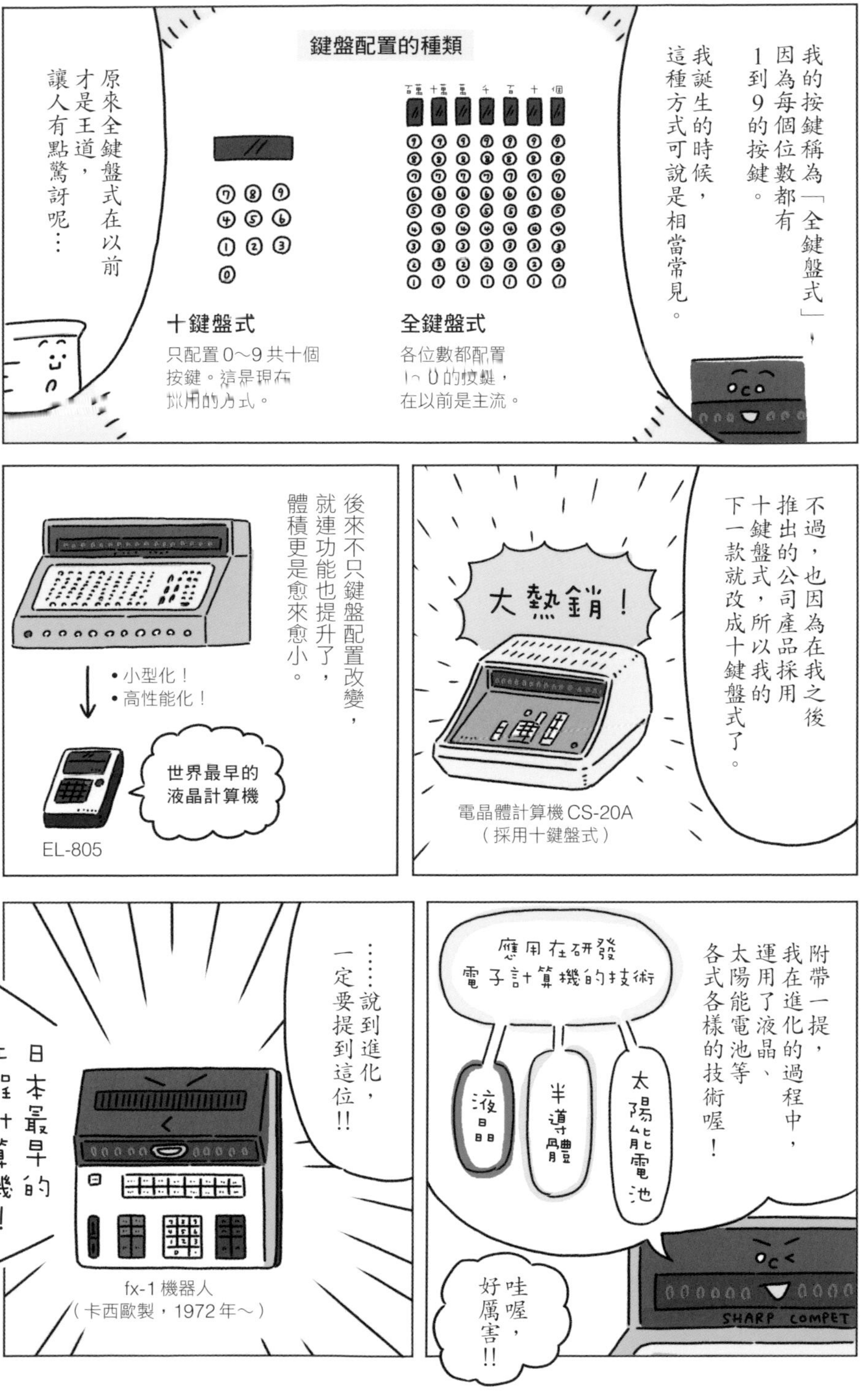
我的按鍵稱為「全鍵盤式」，因為每個位數都有1到9的按鍵。
我誕生的時候，這種方式可說是相當常見。
鍵盤配置的種類
百萬 十萬 萬 千 百 十 個
十鍵盤式
只配置0～9共十個按鍵。這是現在採用的方式。
全鍵盤式
各位數都配置1～0的按鍵，在以前是主流。
原來全鍵盤式在以前才是王道，讓人有點驚訝呢…
不過，也因為在我之後推出的公司產品採用十鍵盤式，所以我的下一款就改成十鍵盤式了。
大熱銷！
電晶體計算機 CS-20A（採用十鍵盤式）
後來不只鍵盤配置改變，就連功能也提升了，體積更是愈來愈小。
•小型化！
•高性能化！
世界最早的液晶計算機
EL-805
附帶一提，我在進化的過程中，運用了液晶、太陽能電池等各式各樣的技術喔！
應用在研發電子計算機的技術
液晶
半導體
太陽能電池
哇喔，好厲害!!
SHARP COMPET
……說到進化，一定要提到這位!!
日本最早的工程計算機!!
fx-1 機器人（卡西歐製，1972年～）

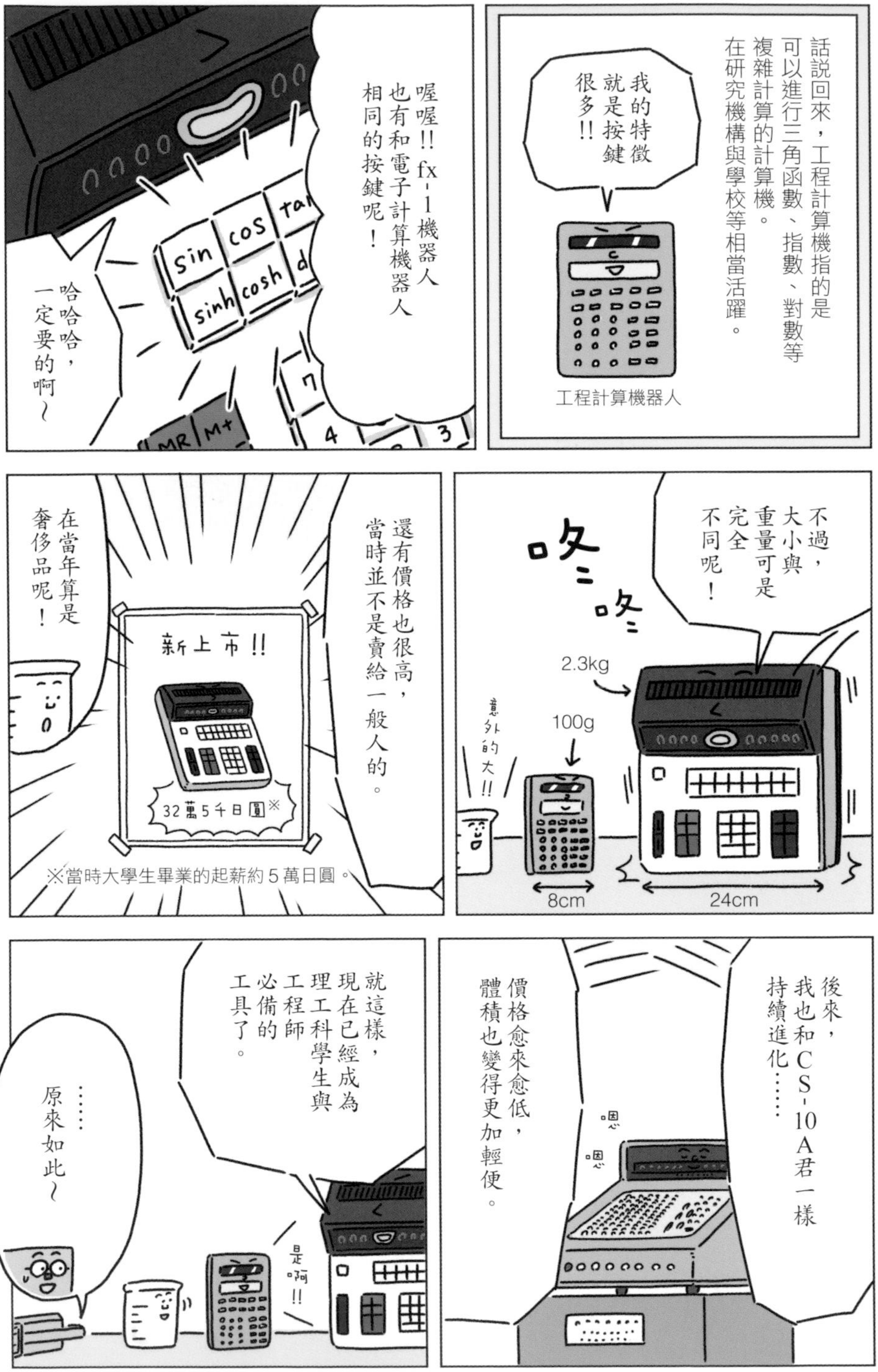
話說回來，工程計算機指的是可以進行三角函數、指數、對數等複雜計算的計算機。在研究機構與學校等相當活躍。
我的特徵就是按鍵很多!!
工程計算機器人
喔喔!! fx-1機器人也有和電子計算機器人相同的按鍵呢！
哈哈哈，一定要的啊～
sin
cos
sinh
cosh
不過，大小與重量可是完全不同呢！
咚咚
2.3kg
100g
意外的大!!
8cm
24cm
還有價格也很高，當時並不是賣給一般人的。
在當年算是奢侈品呢！
新上市!!
32萬5千日圓※
※當時大學生畢業的起薪約5萬日圓。
後來，我也和CS-10A君一樣持續進化……
價格愈來愈低，體積也變得更加輕便。
嗯
嗯
就這樣，現在已經成為理工科學生與工程師必備的工具了。
是啊!!
……原來如此～

電晶體計算機 CS-10A 君

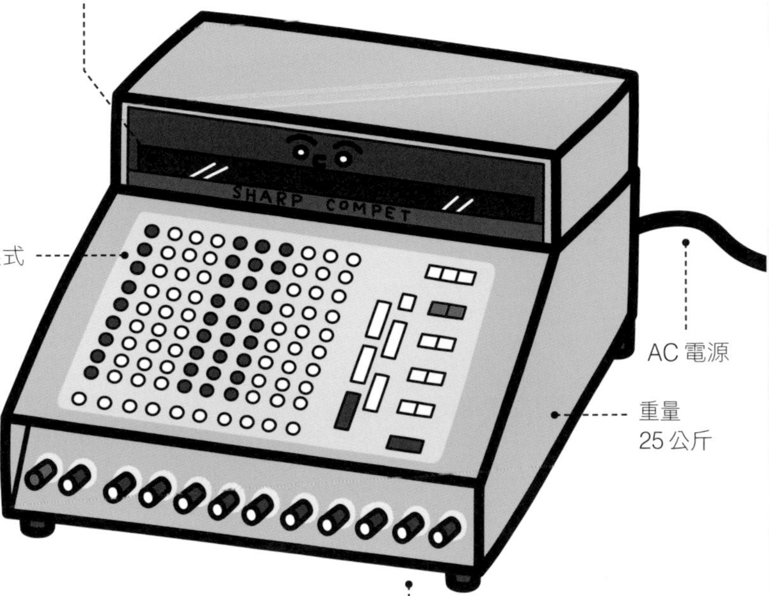
顯示數字的部分
（使用名為「數位管」※的顯示元件）
SHARP COMPET
全鍵盤式
AC 電源
重量
25 公斤
使用 530 顆電晶體，
2300 顆半導體

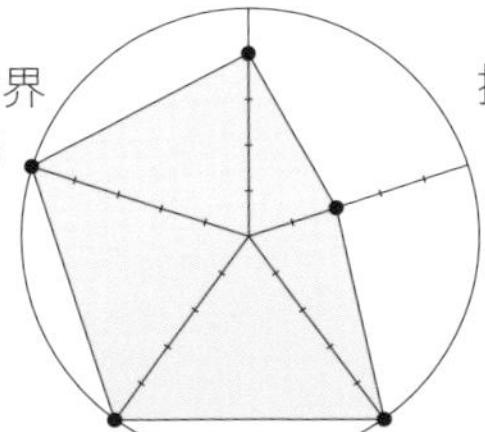
狂熱度
操作
難易度
從數字顯示器
感受到溫暖的程度
被誤認為
收銀機的程度
帶給世界
的衝擊

正式名稱 夏普／電晶體計算機 CS-10A

擅長技能 自動進行計算

製造年代 1964 年

〈冷知識〉

被世界知名的電子電機學會 IEEE 認證為「IEEE 里程碑」（2005 年）。是日本第五個受認證的案例。

※編註：Nixie Tube，又稱輝光管。

fx-1 機器人

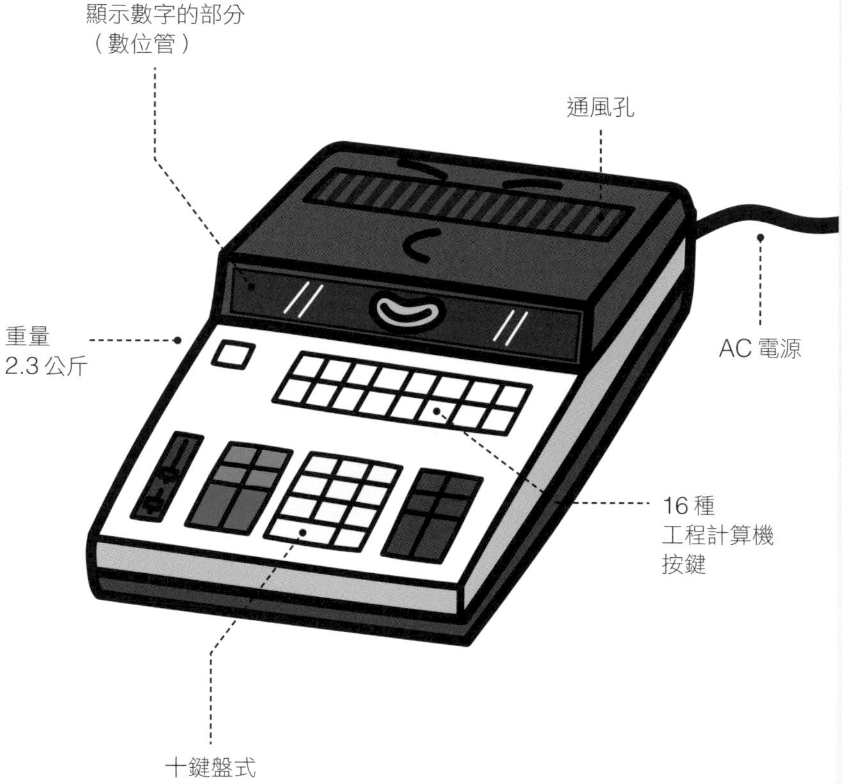

顯示數字的部分
（數位管）
通風孔
重量
2.3 公斤
AC 電源
16 種
工程計算機
按鍵
十鍵盤式

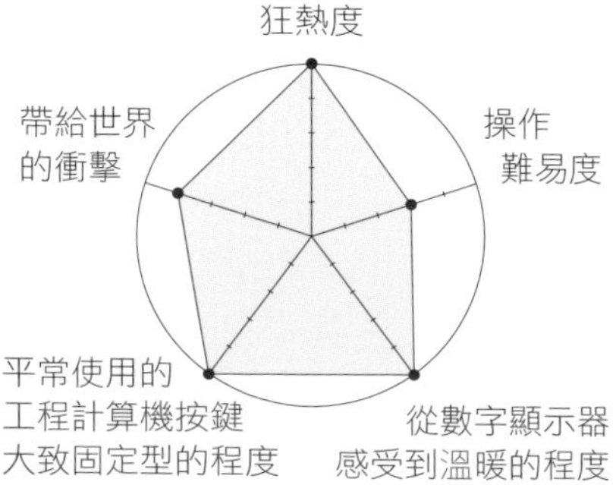

狂熱度
操作
難易度
從數字顯示器
感受到溫暖的程度
平常使用的
工程計算機按鍵
大致固定型的程度
帶給世界
的衝擊

正式名稱 卡西歐／fx-1

擅長技能 自動進行複雜的計算

製造年代 1972 年

〈冷知識〉

在 fx-1 推出之前，需要100 萬日圓以上的電腦才能進行相同程度的計算。

演出電影!?
啊，對了，我剛才不小心聽到你們說話。
你們好像不怎麼認識計算尺大哥啊？
是的……
這可不行喔！他是我們的大前輩呢……
fx-1機器人
謝謝你!!
他甚至厲害到參與知名動畫電影的演出呢！
哇!?真的嗎!?
請問您演的是哪部電影!?
轉頭
快告訴我，快告訴我!!
興致勃勃
……唔，就是那部以航空工程師為主角的電影。
話是這麼說，但演出電影的不是我本人。
演出某動畫電影的計算尺
喔……原來只是這樣啊……
不不不，就算這樣還是很厲害!!
沉默
工程計算機器人君還真是直白啊～

不只如此

歷史上的各種電子計算機

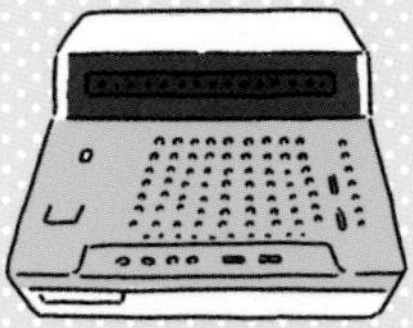

ANITA Mk8

（1962年，英國）
BELL PUNCH公司發售的世界第一台電子計算機。夏普等日本製造商將其拆開研究。

Canola 130

（1964年，Canon）
與CA-10A同時期發售。最早採用十鍵盤式的電子計算機。

SOBAX ICC-500

（1967年，Sony）
SONY的第一台電子計算機。可外接充電電池，被稱為世界第一台可攜式電子計算機。

CASIO MINI

（1972年，卡西歐）
售價1萬2800日圓（當時行情的三分之一），熱銷一時，留下三年賣出600萬台的驚人紀錄。

EL-805

（1973年，夏普）
世界第一台液晶電子計算機。至此之後，電子計算機就改成液晶顯示的方式。

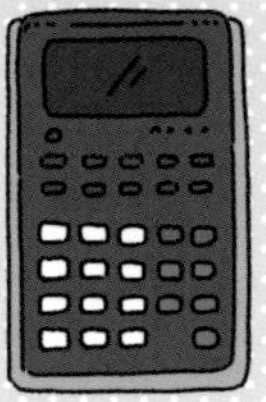

fx-10

（1974年，卡西歐）
個人用口袋型工程計算機。重量為fx-1的7分之1，價格為13分之1。

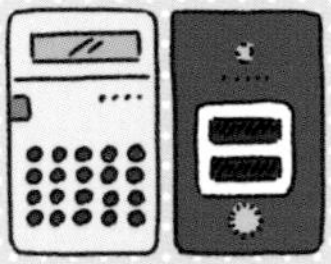

EL-8026

（1976年，夏普）
世界最早的太陽能電池式電子計算機。受光部安裝在本體背面。

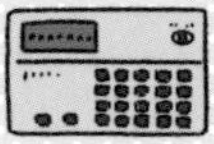

LC-78

（1978年，卡西歐）
世界最早的名片型電子計算機。厚度僅3.9公釐，月產40萬台，相當熱賣。

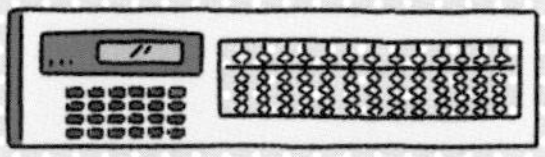

Soro-cal　EL-428

（1981年，夏普）
由方便計算加減的算盤，與方便計算乘除的電子計算機組合而成。

計算工具・計算機的年表

1600 年

1642 年
巴斯卡發明了
巴斯卡加法器

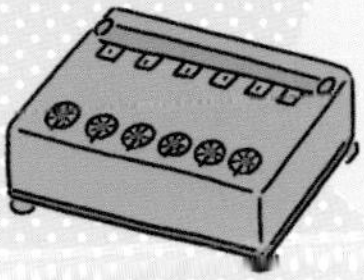
現存
最古老的
機械式
計算機

1900 年

1912 年
HEMMI
製作所開始販賣計算尺

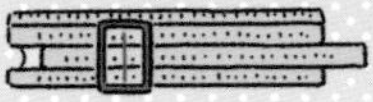

1923 年
第一代
Tiger 計算器上市

1960 年

1962 年
世界最早的
電子計算機
ANITA Mk8
上市

1962 年
日本最早的
電子計算機
電晶體計算機
CS-10A 上市

1970 年

1972 年
fx-1 上市

1972年
CASIO MINI
上市

1974 年
fx-10 上市

1980 年

1976 年
EL-8026 上市

1960 年代後期到
1970 年代也被稱為
「電子計算機的
戰國時代」。
這樣啊—

和前輩一起話當年

03

知名的法國哲學家巴斯卡（Blaise Pascal）在1645年宣布發明了「巴斯卡加法器」。不過，在機械式計算機的歷史中，巴斯卡加法器問世前大約20年，德國的施卡德（Wilhelm Schickard）就製造出專門進行天文等計算的計算機。而後的1670年代，德國知名微積分研究者萊布尼茲（Gottfried Wilhelm Leibniz），製造出更高階的計算機。17世紀可說是機械式計算機接連誕生的時代。

計算尺也在機械式計算機發明的前後誕生。本章節中出現的「對數」，發現於16世紀末，英國天文學家甘特（Edmund Gunter）依此在1620年製作了「對數尺」。尺上刻有對數與三角函數的刻度，並採取使用分規（類似圓規的工具）讀取刻度的形式。至於透過滑動滑尺來對準刻度的計算尺，則由英國的數學家奧特雷德（William Oughtred）在1632年製造。

17世紀對科學而言相當特別。伽利略與克卜勒的活躍，大幅震撼了過去的科學（當時稱為自然哲學），帶來劃時代的轉變；不久後，牛頓等人正式開啟近代科學的時代。許多「進行計算的前輩」在這個動盪時期誕生，開拓了以電腦為首的現代計算科學。

事實上，雖然只是用著玩的，但我也用過計算尺（這樣會暴露年齡…汗）。我用的是塑膠製的便宜貨，但帥氣的計算尺前輩是竹製的，上面還刻有「HEMMI」字樣。我原本以為是舶來品，但其實那把計算尺是在某段時期席捲全球八成市占率的HEMMI公司的產品，百分之百日本製。1928年成立這間公司的逸見治郎，在測量器公司上班時，致力於在地生產德國製計算尺，他研發出即使在濕度高、溫差大的日本也不會失準的竹製計算尺，並獲得全世界肯定。雖然計算尺已經被電子計算機取代，但至今仍有不少粉絲。吉卜力工作室的動畫《風起》中，主角使用計算尺的場面讓人忍不住熱淚盈眶（要哭也應該為劇情而哭吧～）。

CHAPTER 4
電力與磁力的前輩

電力與磁力的前輩

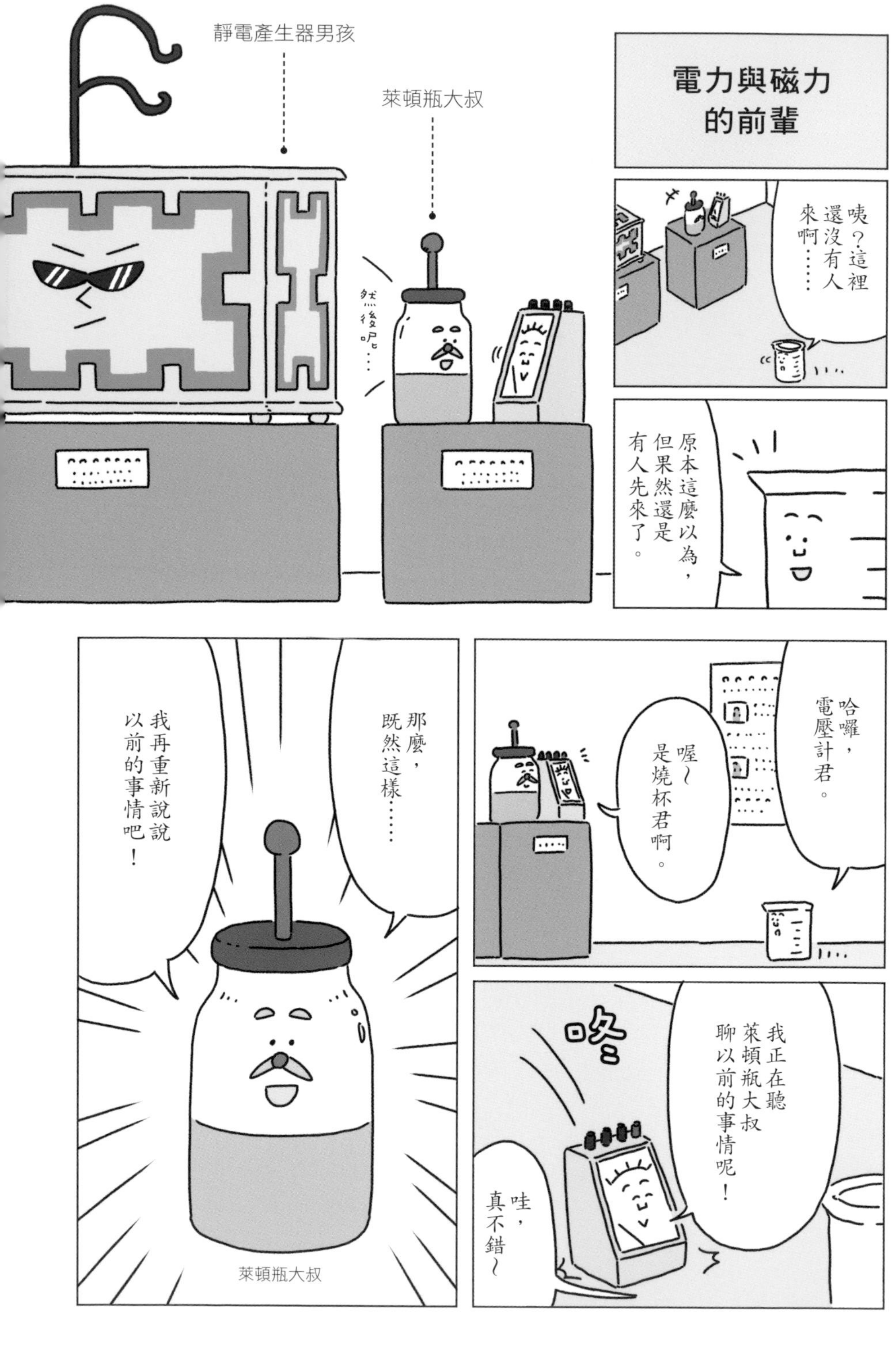
咦？這裡還沒有人來啊……
原本這麼以為，但果然還是有人先來了。
靜電產生器男孩
萊頓瓶大叔
然後咧……
哈囉，電壓計君。
喔～是燒杯君啊。
我正在聽萊頓瓶大叔聊以前的事情呢！
哇，真不錯～
咚
那麼，既然這樣……
我再重新說說以前的事情吧！
萊頓瓶大叔

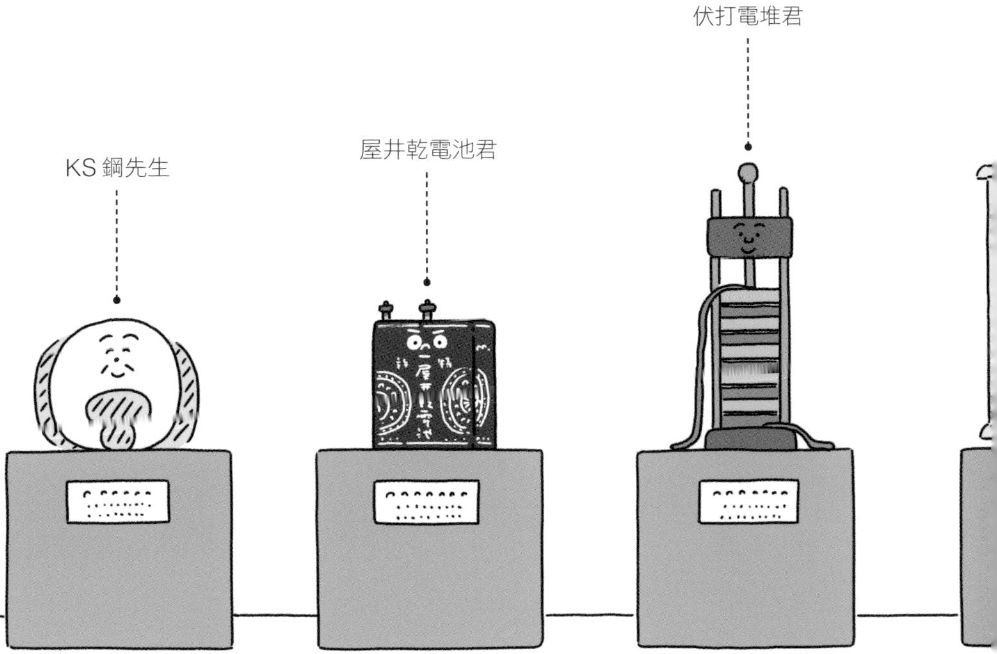
KS鋼先生
屋井乾電池君
伏打電堆君

電力與磁力的前輩

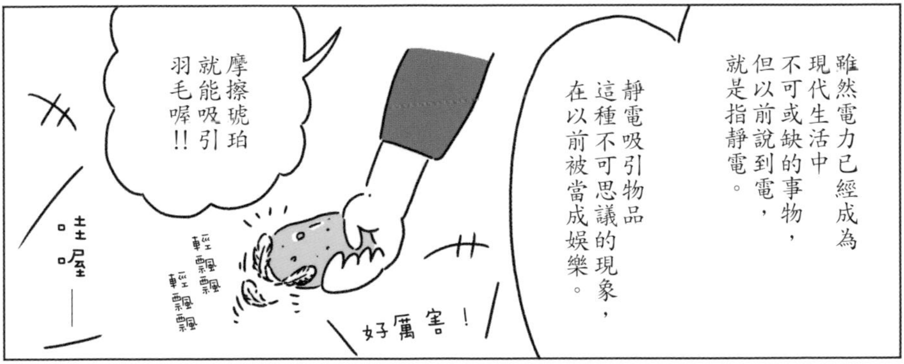
雖然電力已經成為現代生活中不可或缺的事物，但以前說到電，就是指靜電。
靜電吸引物品這種不可思議的現象，在以前被當成娛樂。
摩擦琥珀就能吸引羽毛喔!!
哇喔——
輕飄飄
輕飄飄
好厲害！

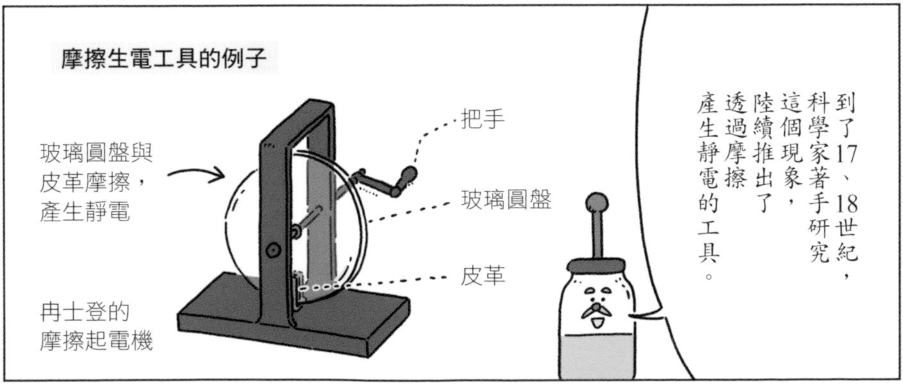
到了17、18世紀，科學家著手研究這個現象，陸續推出了透過摩擦產生靜電的工具。
摩擦生電工具的例子
玻璃圓盤與皮革摩擦，產生靜電
把手
玻璃圓盤
皮革
冉士登的摩擦起電機

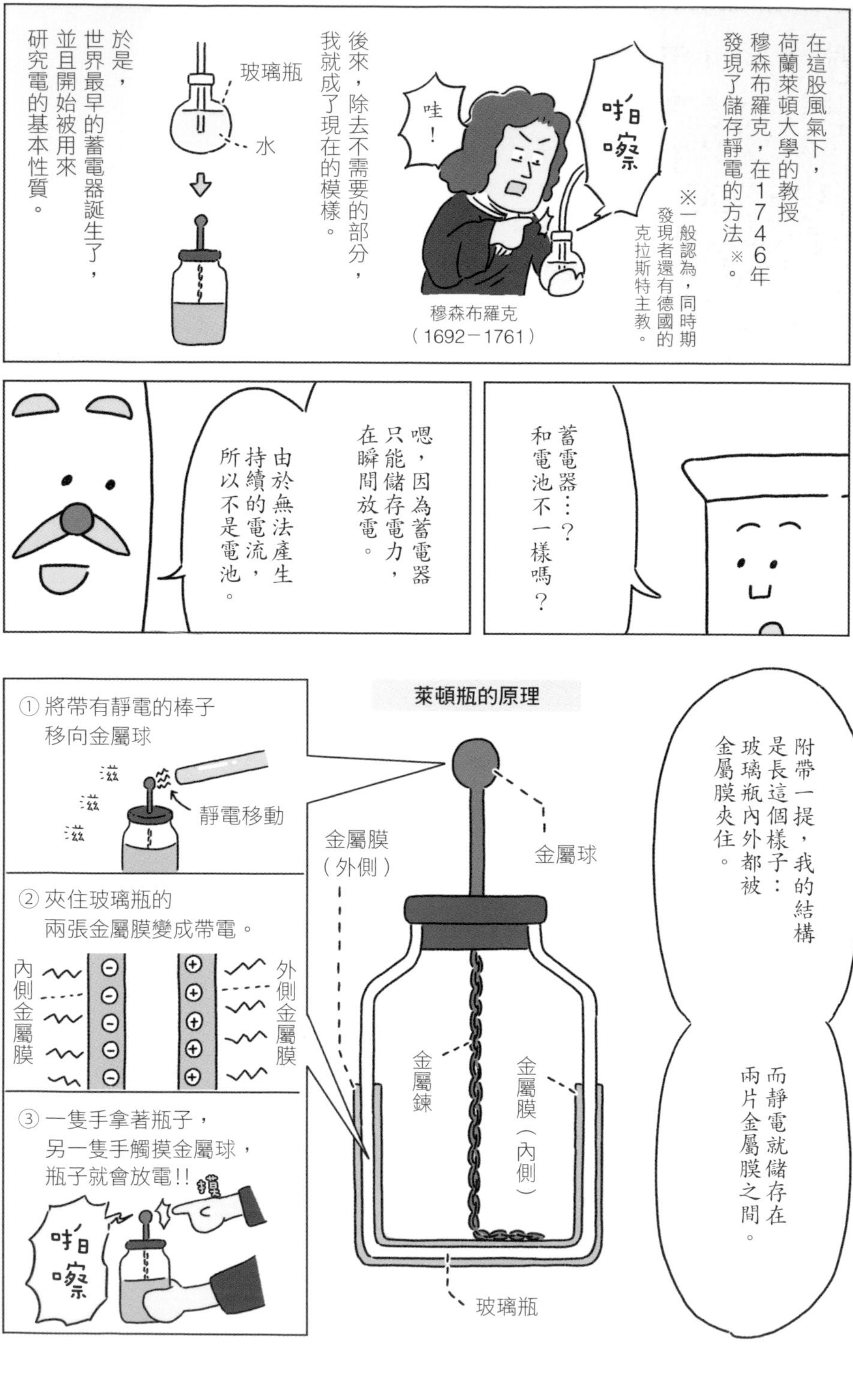
在這股風氣下，荷蘭萊頓大學的教授穆森布羅克，在1746年發現了儲存靜電的方法※。
※一般認為，同時期發現者還有德國的克拉斯特主教。
啪嚓
哇！
穆森布羅克
（1692－1761）
後來，除去不需要的部分，我就成了現在的模樣。
玻璃瓶
水
於是，世界最早的蓄電器誕生了，並且開始被用來研究電的基本性質。
蓄電器…？和電池不一樣嗎？
嗯，因為蓄電器只能儲存電力，在瞬間放電。
由於無法產生持續的電流，所以不是電池。
附帶一提，我的結構是長這個樣子：玻璃瓶內外都被金屬膜夾住。
而靜電就儲存在兩片金屬膜之間。
萊頓瓶的原理
① 將帶有靜電的棒子移向金屬球
滋
滋
滋
靜電移動
② 夾住玻璃瓶的兩張金屬膜變成帶電。
內側金屬膜
外側金屬膜
③ 一隻手拿著瓶子，另一隻手觸摸金屬球，瓶子就會放電!!
摸
啪嚓
金屬球
金屬膜（外側）
金屬鍊
金屬膜（內側）
玻璃瓶

電力與磁力的前輩

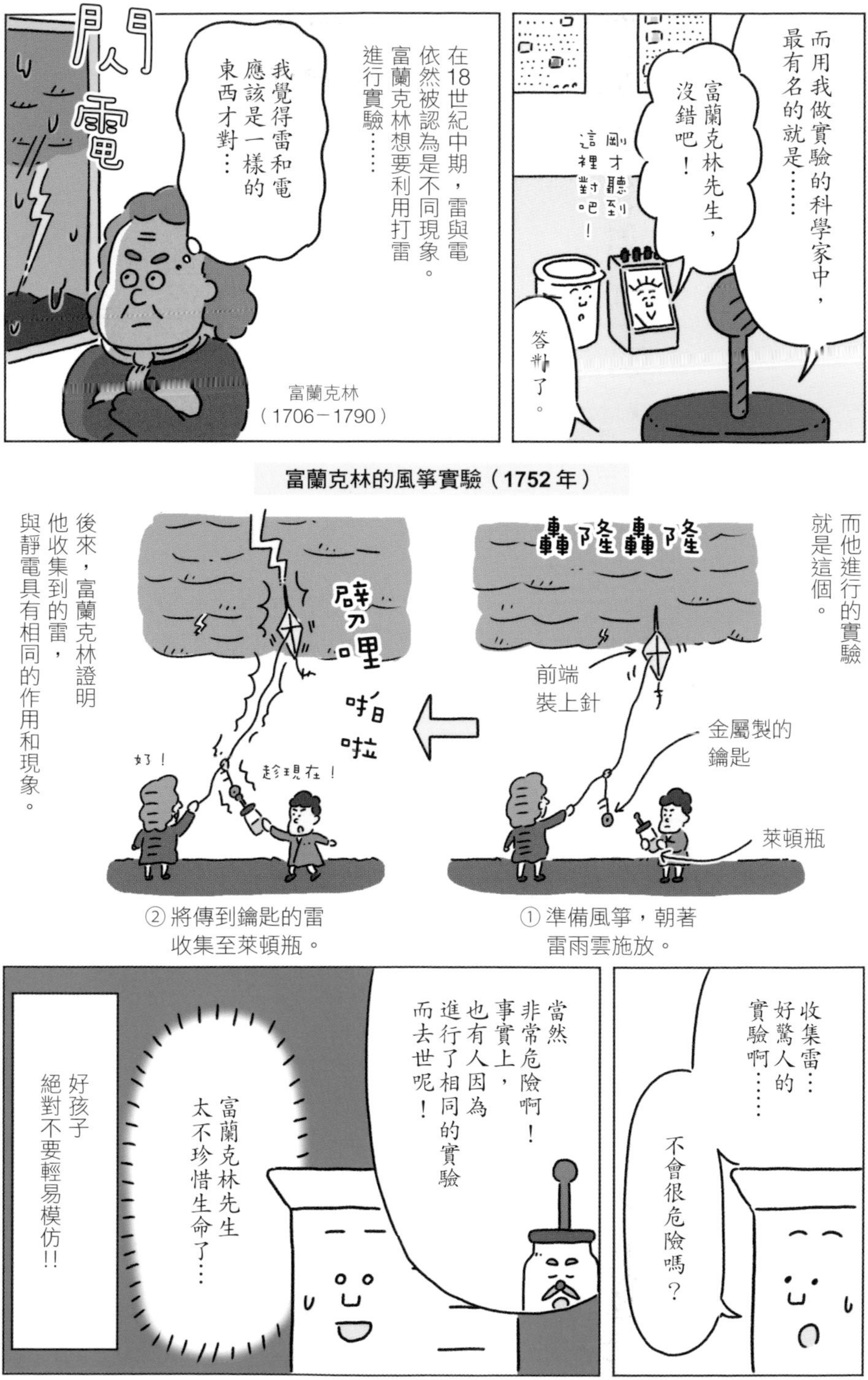
而用我做實驗的科學家中，最有名的就是……
富蘭克林先生，沒錯吧！
剛才聽到這裡對吧！
答對了。
在18世紀中期，雷與電依然被認為是不同現象。富蘭克林想要利用打雷進行實驗……
我覺得雷和電應該是一樣的東西才對…
閃電
轟隆
轟隆
富蘭克林
（1706－1790）
富蘭克林的風箏實驗（1752年）
而他進行的實驗就是這個。
轟隆轟隆
前端裝上針
金屬製的鑰匙
萊頓瓶
① 準備風箏，朝著雷雨雲施放。
劈哩
啪啦
好！
趁現在！
② 將傳到鑰匙的雷收集至萊頓瓶。
後來，富蘭克林證明他收集到的雷，與靜電具有相同的作用和現象。
收集雷…好驚人的實驗啊……
不會很危險嗎？
當然非常危險啊！事實上，也有人因為進行了相同的實驗而去世呢！
富蘭克林先生太不珍惜生命了…
好孩子絕對不要輕易模仿!!

萊頓瓶大叔

金屬球
玻璃瓶
鎖鏈
內側也有
金屬膜
金屬膜

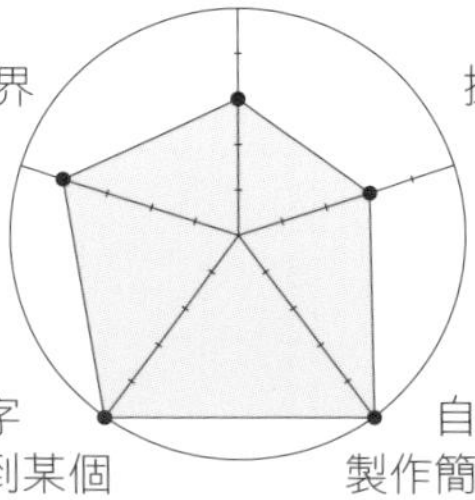
狂熱度
操作
難易度
自己也能
製作簡易版的
程度
聽到名字
就會想到某個
漫畫角色的程度
帶給世界
的衝擊

正式名稱 萊頓瓶

擅長技能 儲存靜電

製造年代 1745 年～

〈冷知識〉

還有使用數公尺大的摩擦起電機與 25 個萊頓瓶製作的巨大裝置「凡馬隆（M. van Marum）起電機」。

簡易版萊頓瓶的製作方法與放電實驗

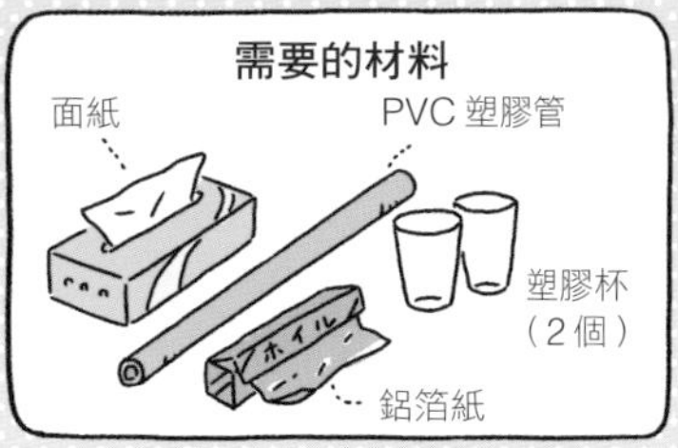
需要的材料
面紙
PVC 塑膠管
塑膠杯
（2 個）
鋁箔紙
ホイル

步驟 ① 用鋁箔紙包住塑膠杯。

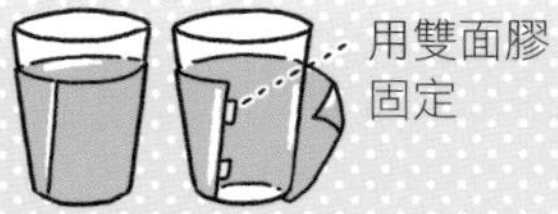
用雙面膠
固定

步驟 ② 將鋁箔紙折起。

啪拉
啪拉
折成細長的
條狀！

步驟 ③ 把 ② 的條狀鋁箔夾在兩個杯子中間，就完成了!!

萊頓杯!!

步驟 ④ 用衛生紙摩擦 PVC 塑膠管，產生靜電。

摩擦
5～10 次
緊緊的
握住!!

步驟 ⑤ 將 PVC 塑膠管靠近萊頓杯突出的部分，靜電就會轉移過去。移動的時候，請從塑膠管的一端滑動到另一端。

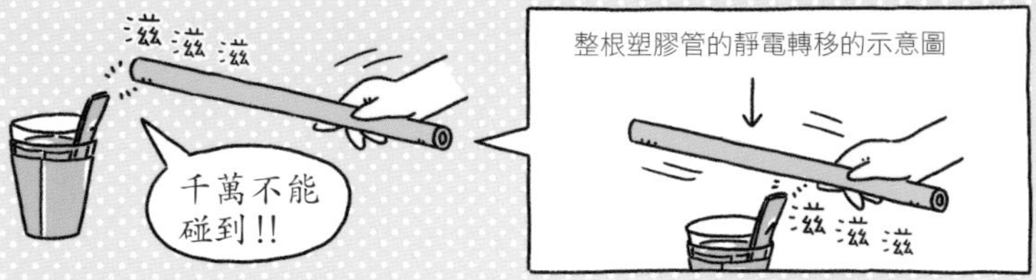
滋 滋 滋
千萬不能
碰到!!
整根塑膠管的靜電轉移的示意圖
滋 滋 滋

步驟 ⑥ 反覆進行數次步驟 ④ 與 ⑤ 後，一手拿著杯子，另一手觸碰突出的部分就會觸電！

劈哩

【注意】

心臟較弱的人、裝有心律調節器的人、患有心臟疾病的人請勿進行本實驗！

靜電產生器男孩
哎，會想到用打雷來做實驗，真是不簡單……
說的沒錯！
哈哈哈
不過到現在，大家都知道雷就是電…
啊！
萊頓瓶這個名稱，該不會就是雷電瓶……※
叭叭——猜錯了！
我的名稱來自製作者穆申布魯克的大學。
換句話說，我是在萊頓大學誕生的。
原來如此。
附帶一提，你們知道嗎？
在我誕生130年後的18世紀後半……日本也誕生了與我類似的器材喔！
就是這位男孩!!
我是江戶時代的天才發明家平賀源內先生修復的。
我在長崎得到損壞的靜電產生器。
平賀源內（1728－1779）
靜電產生器男孩（1776年製）

※譯註：萊頓的日文發音近似閃電（lightning）。

靜電產生器的原理

① 轉動把手，玻璃筒就會旋轉。
↓
② 玻璃筒與金屬箔摩擦，產生靜電。
↓
③ 靜電透過導線傳遞，儲存到萊頓瓶裡。
↓
④ 握住從箱子上方突出的部分，電就會流過。

唔，
原來裡面
長這樣啊～

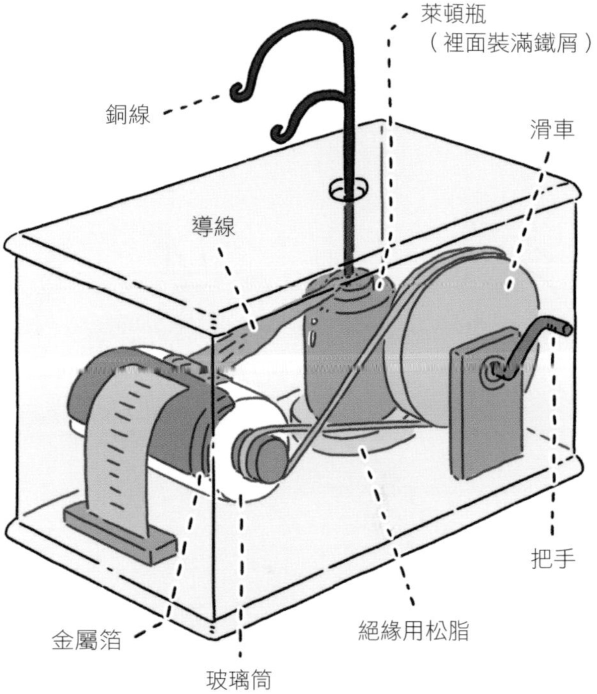
萊頓瓶
（裡面裝滿鐵屑）
銅線
滑車
導線
把手
金屬箔
絕緣用松脂
玻璃筒

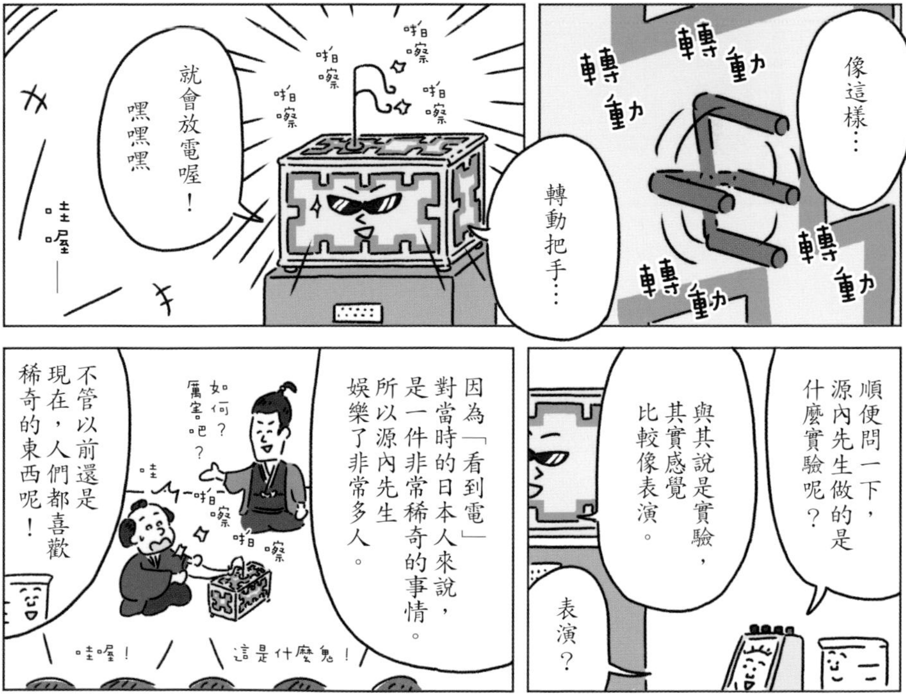
像這樣……
轉動 轉動 轉動 轉動
轉動把手……
啪嚓 啪嚓 啪嚓 啪嚓
就會放電喔！
嘿嘿嘿
哇喔——
順便問一下，源內先生做的是什麼實驗呢？
與其說是實驗，其實感覺比較像表演。
表演？
因為「看到電」對當時的日本人來說，是一件非常稀奇的事情。所以源內先生娛樂了非常多人。
如何？厲害吧？
哇
啪嚓
啪嚓
不管以前還是現在，人們都喜歡稀奇的東西呢！
哇喔！
這是什麼鬼！

靜電產生器男孩

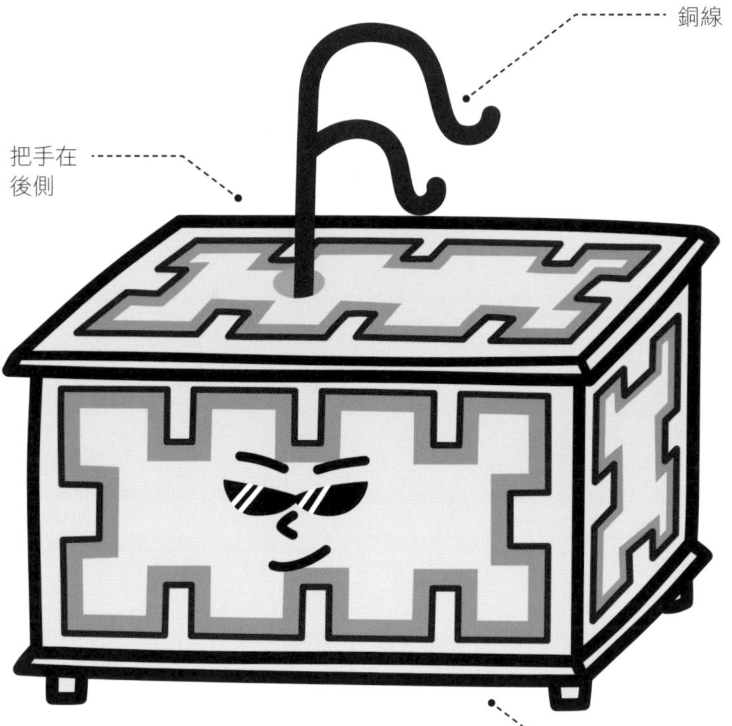
銅線
把手在
後側
木製

狂熱度
操作
難易度
歷史
價值
名字的
帥氣度
帶給世界
的衝擊

正式名稱 靜電產生器

擅長技能 透過摩擦產生靜電

製造年代 1776 年

〈冷知識〉

靜電產生器的製作者平賀源內還製作了量程器（現在的計步器）、磁針器（指南針）等。

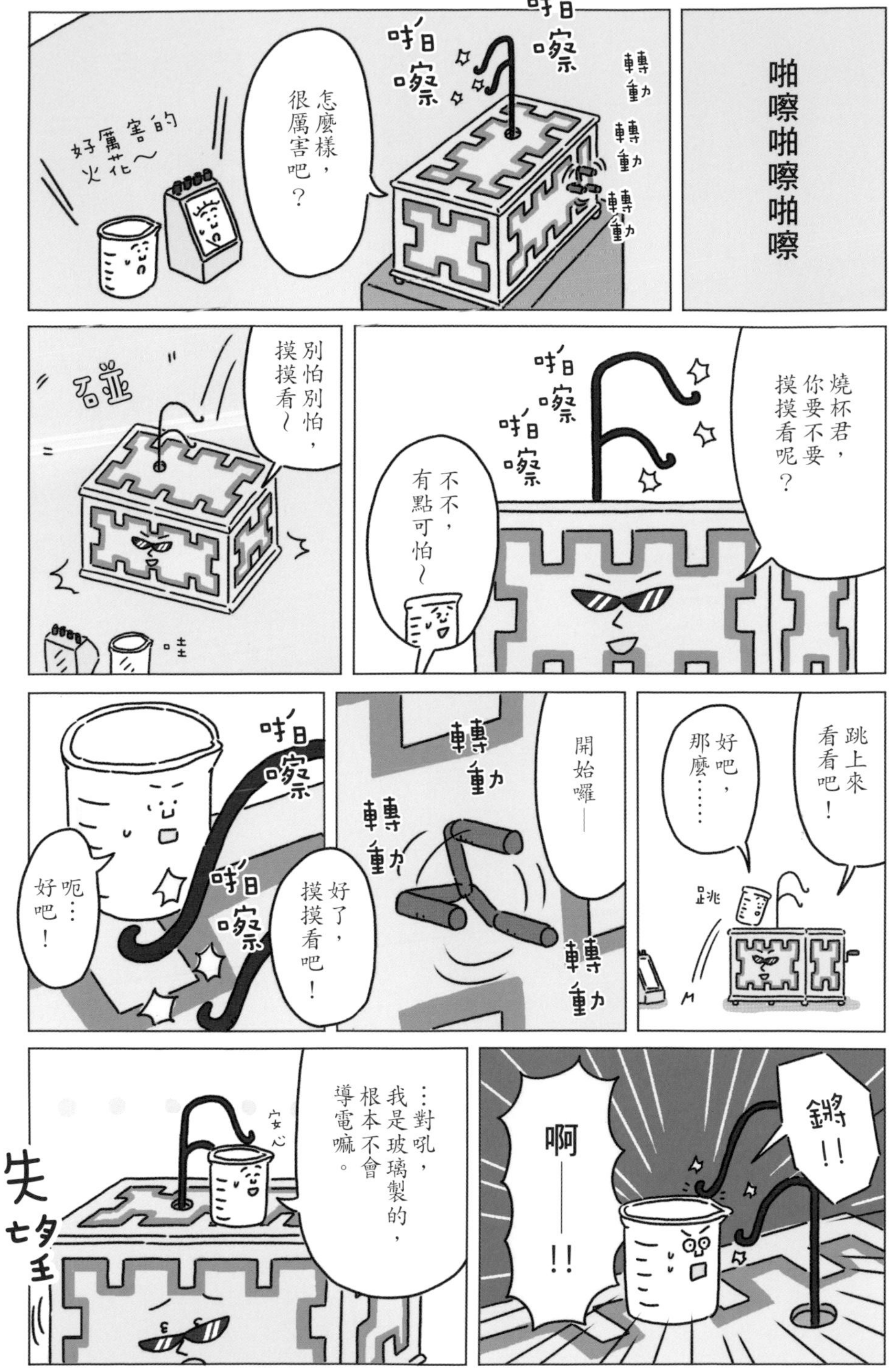
啪嚓啪嚓啪嚓
啪嚓
啪嚓
轉動
轉動
轉動
怎麼樣，很厲害吧？
好厲害的火花～
燒杯君，你要不要摸摸看呢？
啪嚓
啪嚓
不不，有點可怕～
別怕別怕，摸摸看～
碰
哇
跳上來看看吧！
好吧，那麼……
跳
開始囉——
轉動
轉動
轉動
好了，摸摸看吧！
啪嚓
啪嚓
呃…好吧！
鏘!!
啊——!!
…對吼，我是玻璃製的，根本不會導電嘛。
安心
失望

伏打電堆君
對了，剛才也說了……
直到18世紀為止，說到電，指的都是靜電。
但是呢，
進入19世紀之後，電終於變成動態電，換句話說，電流的時代來臨了。
而帶來這個轉變的……
就是全世界最早的電池。
伏打電堆君（1800年製）
是「電堆」不是「電錐」喔～
啊～我認識伏打先生呢!!
伏打是義大利的物理學家，也是電壓單位「伏特」的由來。
我經常受到他的照顧。
真不愧是電壓計，果然很清楚呢～
喔～
伏打（1745～1827）

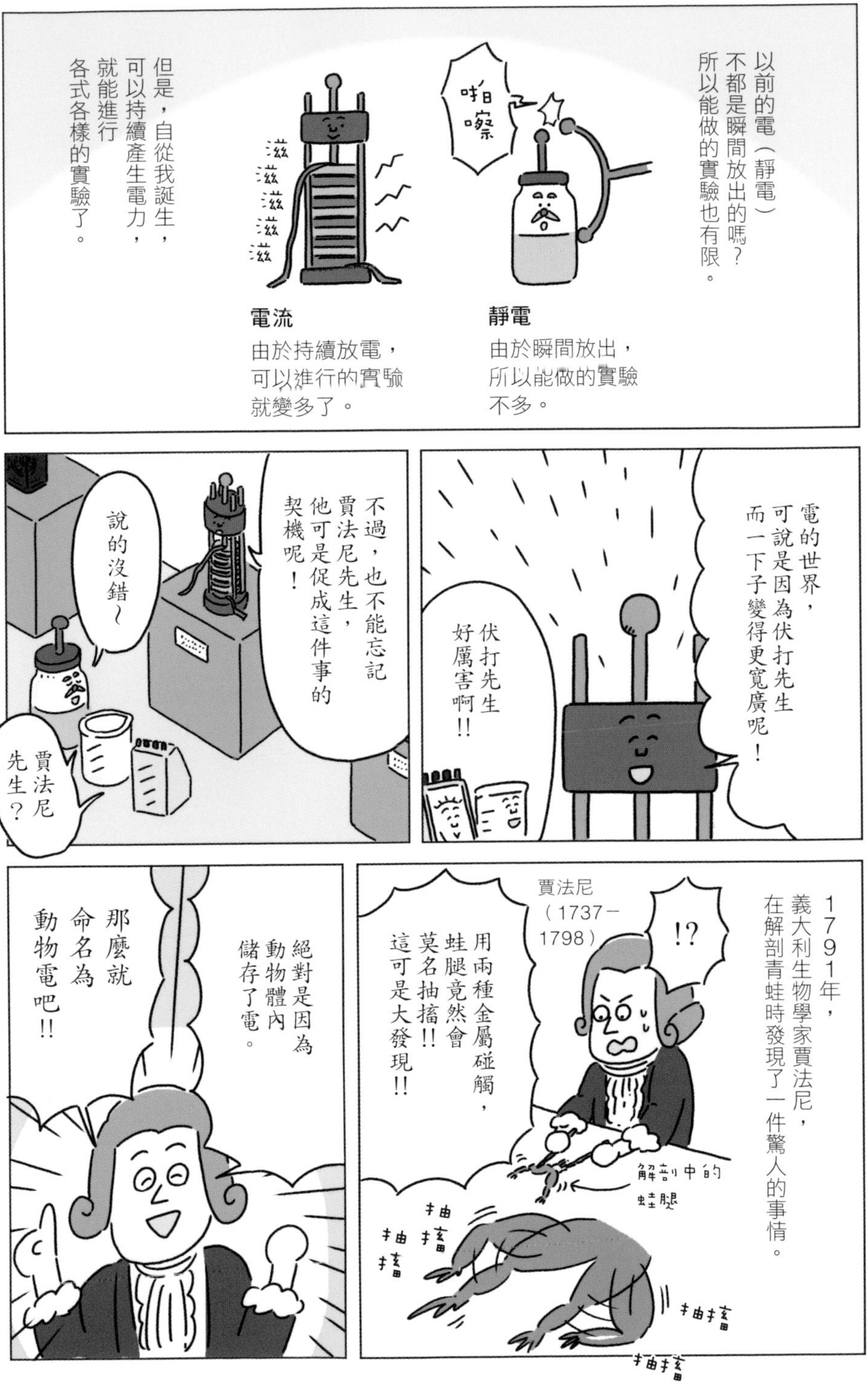
以前的電（靜電）
不都是瞬間放出的嗎？
所以能做的實驗也有限。
啪嚓
滋滋滋滋滋
但是，自從我誕生，
可以持續產生電力，
就能進行
各式各樣的實驗了。
靜電
由於瞬間放出，
所以能做的實驗
不多。
電流
由於持續放電，
可以進行的實驗
就變多了。
電的世界，
可說是因為伏打先生
而一下子變得更寬廣呢！
伏打先生
好厲害啊!!
不過，也不能忘記
賈法尼先生，
他可是促成這件事的
契機呢！
說的沒錯～
賈法尼
先生？
1791年，
義大利生物學家賈法尼，
在解剖青蛙時發現了一件驚人的事情。
賈法尼
（1737－
1798）
!?
用兩種金屬碰觸，
蛙腿竟然會
莫名抽搐!!
這可是大發現!!
解剖中的
蛙腿
抽搐
抽搐
抽搐
抽搐
絕對是因為
動物體內
儲存了電。
那麼就
命名為
動物電吧!!

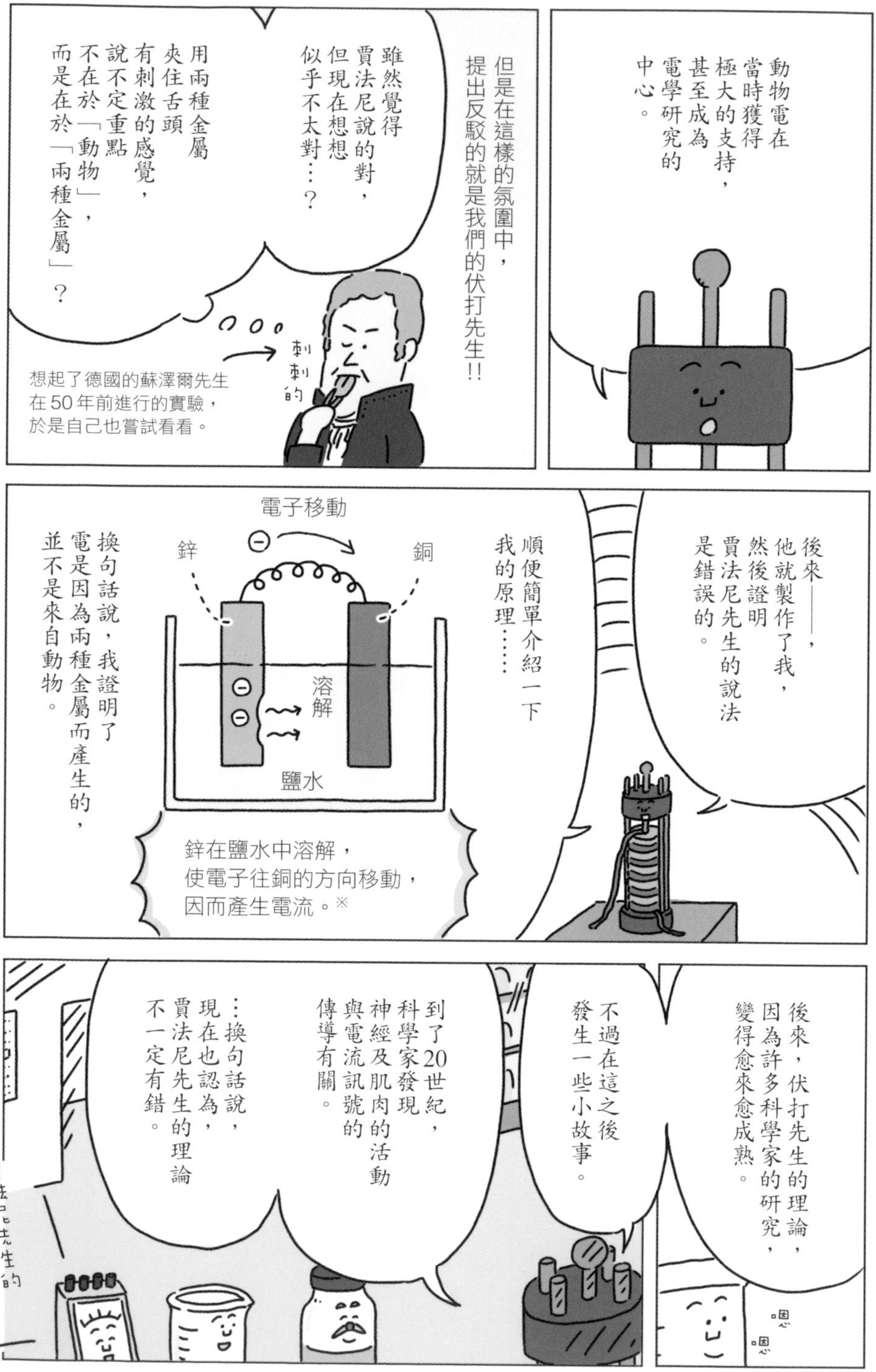
動物電在當時獲得極大的支持，甚至成為電學研究的中心。
但是在這樣的氛圍中，提出反駁的就是我們的伏打先生!!
雖然覺得賈法尼說的對，但現在想想似乎不太對…？
用兩種金屬夾住舌頭有刺激的感覺，說不定重點不在於「動物」，而是在於「兩種金屬」？
刺刺的
想起了德國的蘇澤爾先生在50年前進行的實驗，於是自己也嘗試看看。
後來——，他就製作了我，然後證明賈法尼先生的說法是錯誤的。
順便簡單介紹一下我的原理……
電子移動
鋅
銅
溶解
鹽水
換句話說，我證明了電是因為兩種金屬而產生的，並不是來自動物。
鋅在鹽水中溶解，使電子往銅的方向移動，因而產生電流。※
後來，因為許多科學家的研究，伏打先生的理論變得愈來愈成熟。
嗯
嗯
不過在這之後發生一些小故事。
到了20世紀，科學家發現神經及肌肉的活動與電流訊號的傳導有關。
…換句話說，現在也認為，賈法尼先生的理論不一定有錯。
賈法尼先生的努力有了回報呢!!

※伏打電池發明的時代，對於電池原理還沒那麼清楚。

伏打電堆君

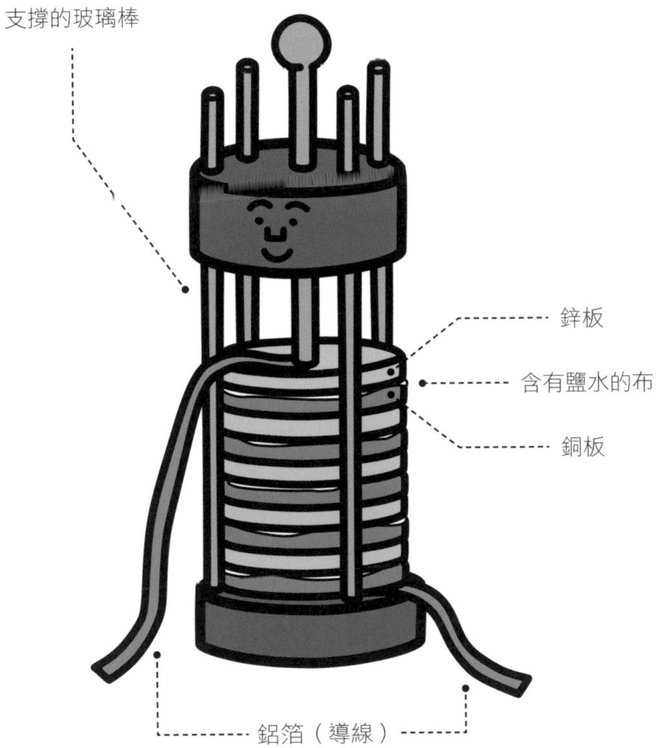
支撐的玻璃棒
鋅板
含有鹽水的布
銅板
鋁箔（導線）

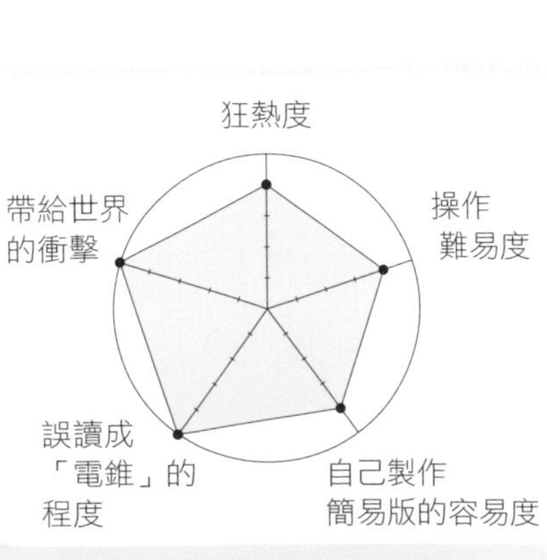
狂熱度
操作
難易度
自己製作
簡易版的容易度
誤讀成
「電錐」的
程度
帶給世界
的衝擊

正式名稱 伏打電堆

擅長技能 發電

製造年代 1800 年

〈冷知識〉

銅板與鋅板的數量愈多，電壓愈高，但如果太多，將使鹽水因重量而滲出，導致沒有辦法使用。

屋井乾電池君
唷～電池的歷史真深奧啊～
喂～日本也有重要的電池喔！
萊頓瓶大叔已經回到原本的位置了…
屋井乾電池君（1887年～）
雖然說是電池，但我可是乾電池呢！
甚至被稱為是世界第一顆乾電池唷！
哇!!世界第一!?
話說回來，燒杯君，
你知道為什麼要叫做「乾電池」嗎？
咦？這個嘛……
因為製作的時候會晒乾嗎？
陽光曝晒～!!
喂喂，我可不是魚乾啊！
在乾電池發明之前，電池多半都裝有液體。
19世紀下半，明治時代經常使用的電池
裡面裝有液體（氯化銨水溶液）。
因此相反的，裡面沒有液體、「乾的」電池，就被稱為「乾電池」。
屋井乾電池
不是液體，而是固體。
嗯……
咦？
這樣的話，叫固體電池，或是固電池，不是更好嗎？
這有很多原因啦，像是順不順口之類的……

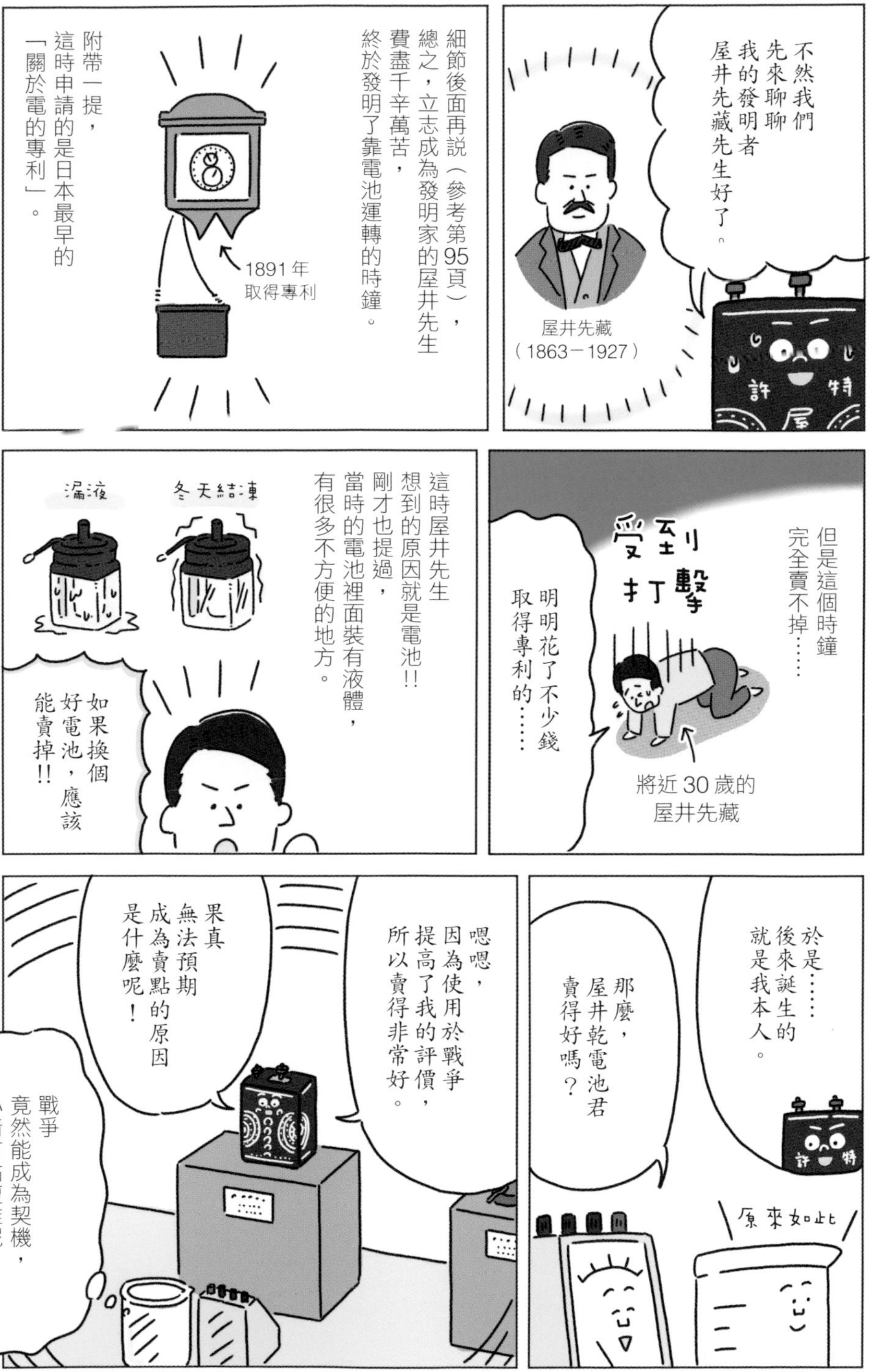

不然我們先來聊聊我的發明者屋井先藏先生好了。
屋井先藏（1863－1927）
細節後面再說（參考第95頁），總之，立志成為發明家的屋井先生費盡千辛萬苦，終於發明了靠電池運轉的時鐘。
1891年取得專利
附帶一提，這時申請的是日本最早的「關於電的專利」。
但是這個時鐘完全賣不掉……
受到打擊
明明花了不少錢取得專利的……
將近30歲的屋井先藏
這時屋井先生想到的原因就是電池!!
剛才也提過，當時的電池裡面裝有液體，有很多不方便的地方。
冬天結凍
漏液
如果換個好電池，應該能賣掉!!
於是……後來誕生的就是我本人。
那麼，屋井乾電池君賣得好嗎？
原來如此
嗯嗯，因為使用於戰爭提高了我的評價，所以賣得非常好。
果真無法預期成為賣點的原因是什麼呢！
戰爭竟然能成為契機，心情有點複雜呢……

屋井乾電池君

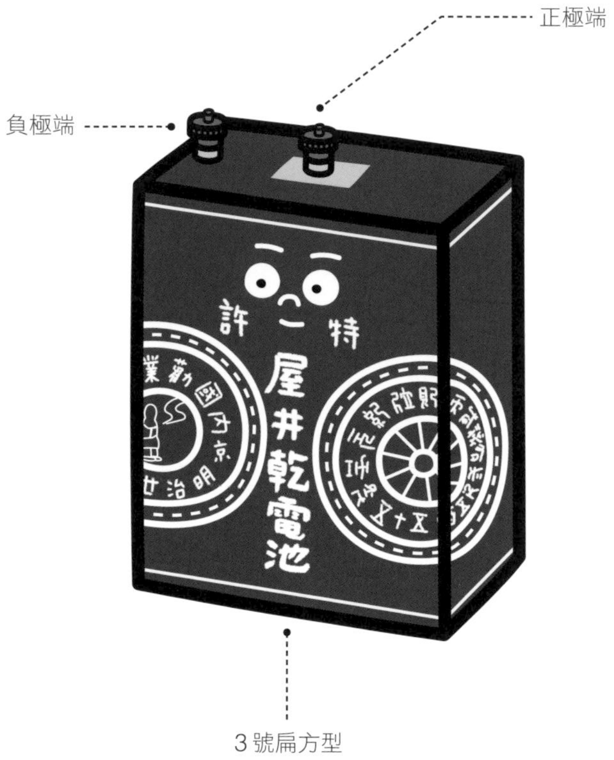
正極端
負極端
許
特
屋井乾電池
3 號扁方型

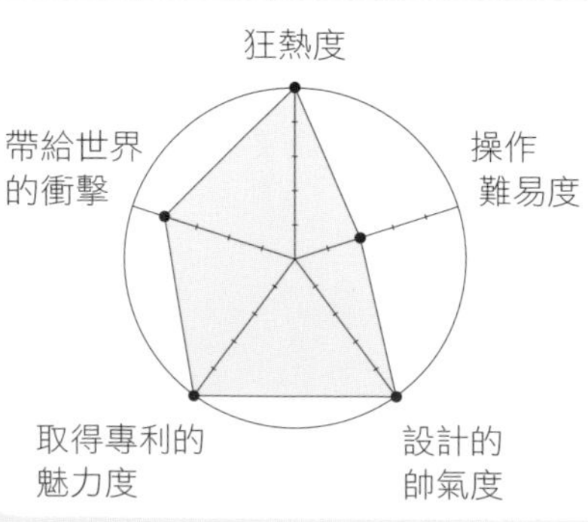
狂熱度
操作
難易度
設計的
帥氣度
取得專利的
魅力度
帶給世界
的衝擊

正式名稱 屋井乾電池

擅長技能 持續發電

製造年代 1887 年

〈冷知識〉

雖然在當時是世界第一顆乾電池，但由於沒有在發明後立刻取得專利，因此這點並沒有獲得承認。

屋井先藏發明
靠電池運轉的時鐘之前

1 雖然報考高等工業學校，卻落榜了。

打
擊

2 花了一年拚命讀書（由於年齡限制的關係，下次考試是最後機會）。

嗚
喔
喔
喔
喔
喔
喔

3 考試當天竟然睡過頭。

哇
啊

4 跑到考場，原本以為剛好能趕上…

剛才稍微瞄了一下家裡的時鐘，應該來得及…
噠
噠
噠
噠

5 但事實上家裡的時鐘（發條式）慢了五分鐘，所以最後並沒有趕上。※

關
門
抱歉了！
怎麼會這樣

6 於是產生製作電池式時鐘的念頭。

我要製作電池式時鐘，讓產生這種遺憾的人變少!!

※因為相同理由而遲到的竟然有 25 人。

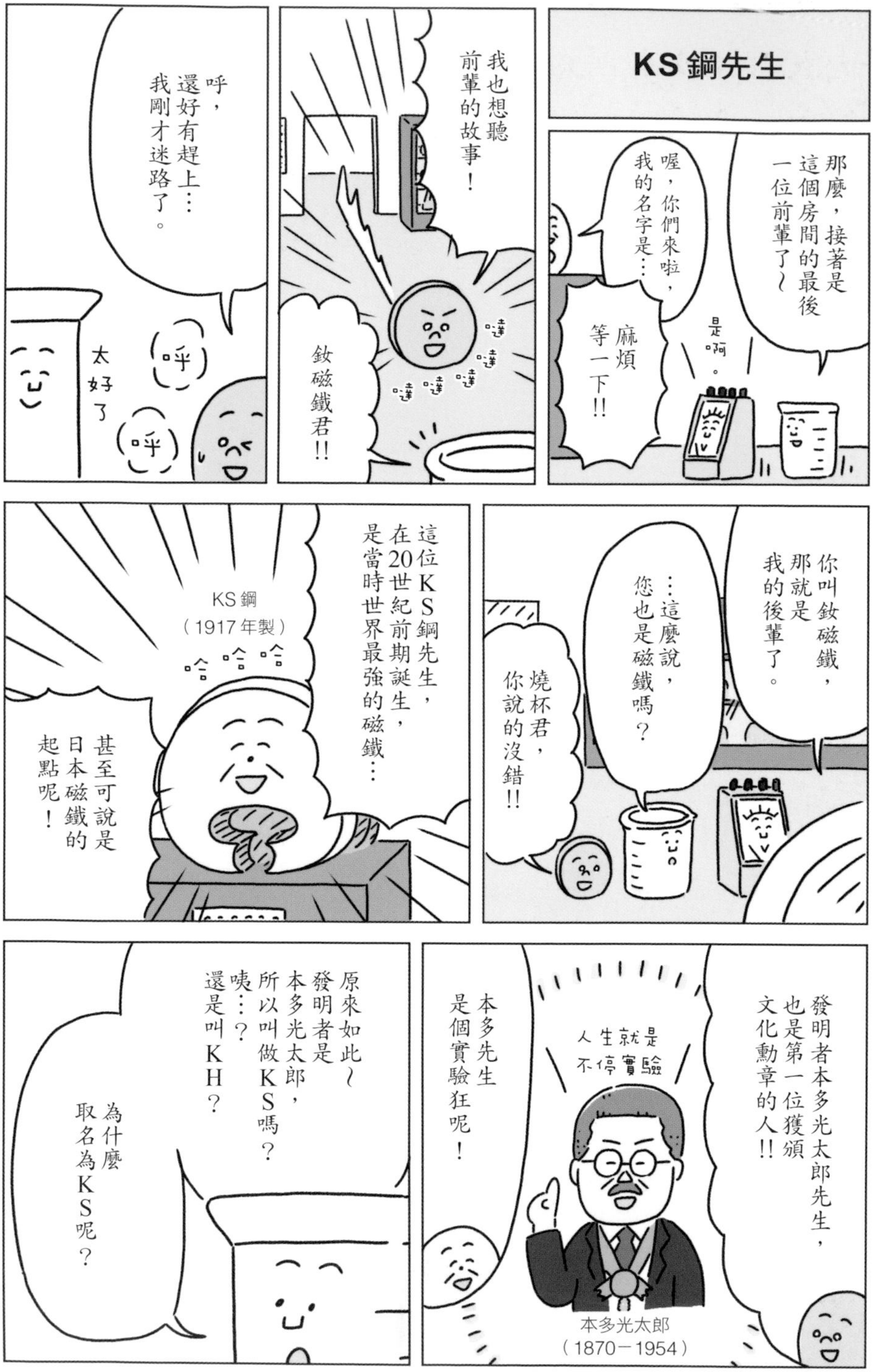
KS 鋼先生
那麼，這個房間的最後一位前輩了～
是啊。
喔，你們來啦，我的名字是…
麻煩等一下!!
我也想聽前輩的故事！
噠噠噠噠噠噠
欽磁鐵君!!
呼，還好有趕上…我剛才迷路了。
呼
呼
太好了
你叫欽磁鐵，那就是我的後輩了。
…這麼說，您也是磁鐵嗎？
燒杯君，你說的沒錯!!
這位KS鋼先生，在20世紀前期誕生，是當時世界最強的磁鐵…
KS 鋼（1917 年製）
哈哈哈
甚至可說是日本磁鐵的起點呢！
發明者本多光太郎先生，也是第一位獲頒文化勳章的人!!
人生就是不停實驗
本多先生是個實驗狂呢！
本多光太郎（1870－1954）
原來如此～發明者是本多光太郎，所以叫做KS嗎？
咦…？還是叫KH？
為什麼取名為KS呢？

這個名稱來自研究經費贊助者的名字「住友吉左衛門」。
住友吉左衛門
住友家第15代家主
↓
縮寫
「KS」
他贊助本多先生隸屬的研究所，因此取名為KS當作是一種謝禮※。
※KS鋼的專利也無償讓給住友先生。
多虧了住友先生我們可以繼續研究!!
萬歲!
太好了!
東北帝大臨時理化學研究所第二部（1916年成立）
附帶一提，我被製造出來的契機是戰爭……
果然，這個時代的發明都與戰爭有關……
研究所剛成立時，軍方提出了一項請求。
因為戰爭導致無法進口海外的磁鋼※，能不能想辦法做出來呢？
算了，對於研究來說也算是有意義的。
……我知道了，我們試試看。
←軍方相關人員
※製作發電機與馬達時需要用到。
就這樣開始了辛苦的研究。他們在鐵中混和了各種元素，以1500℃以上的溫度熔化再冷卻，經過淬火等各種處理過程，一一檢查性能……
熔爐（1500℃以上）
本多先生與助手專心致志反覆進行這項作業。
身穿消防衣，勉強抵抗高溫
於是……
完成!!
我就誕生了。
哇
哇

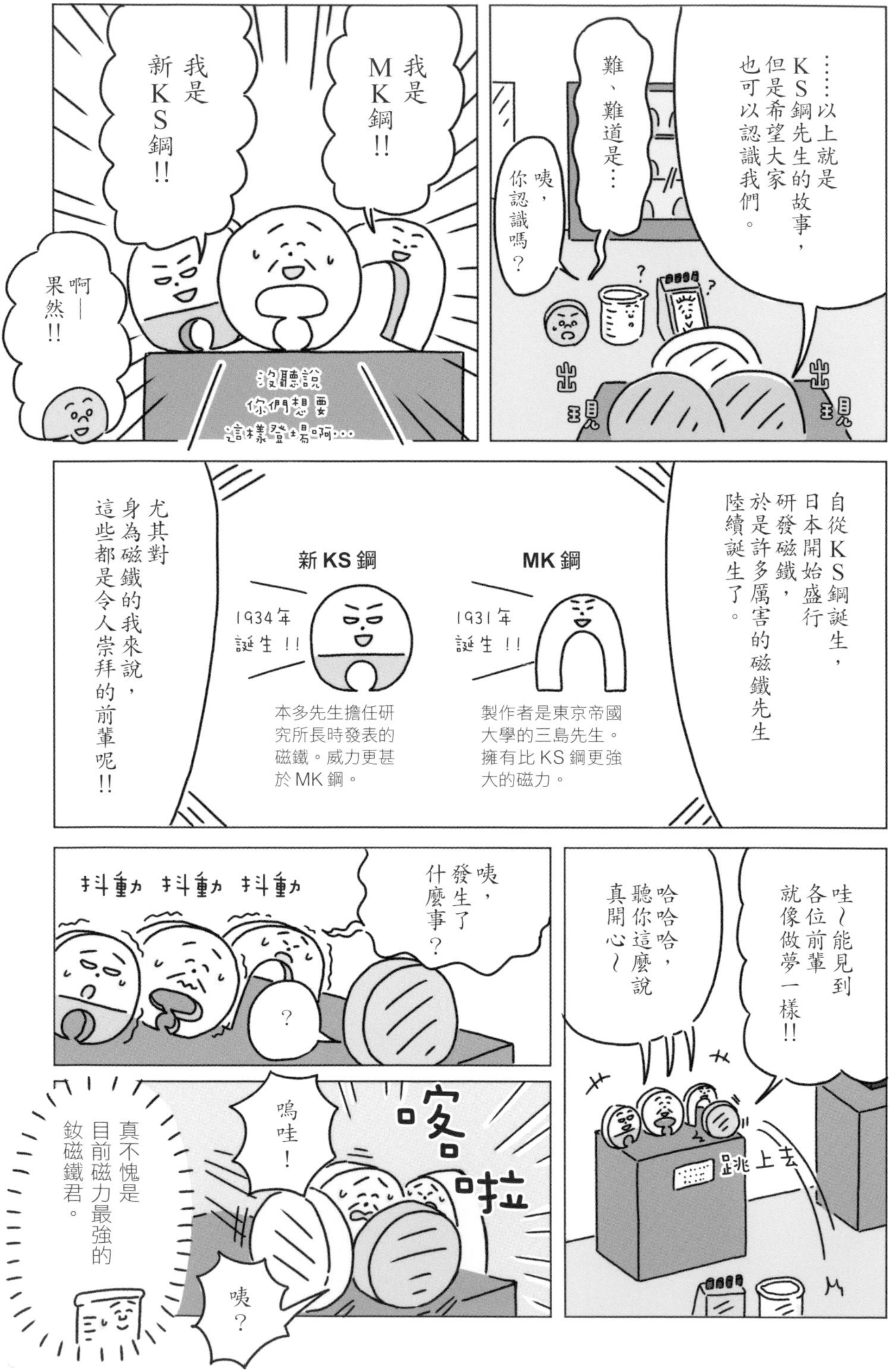
……以上就是KS鋼先生的故事，但是希望大家也可以認識我們。
難、難道是…
咦，你認識嗎？
出現
出現
我是MK鋼!!
我是新KS鋼!!
啊——果然!!
沒聽說你們想要這樣登場啊…
自從KS鋼誕生，日本開始盛行研發磁鐵，於是許多厲害的磁鐵先生陸續誕生了。
MK鋼
1931年誕生!!
製作者是東京帝國大學的三島先生。擁有比KS鋼更強大的磁力。
新KS鋼
1934年誕生!!
本多先生擔任研究所長時發表的磁鐵。威力更甚於MK鋼。
尤其對身為磁鐵的我來說，這些都是令人崇拜的前輩呢!!
哇~能見到各位前輩就像做夢一樣!!
哈哈哈，聽你這麼說真開心~
跳上去
咦，發生了什麼事？
抖動 抖動 抖動
?
喀啦
嗚哇！
咦？
真不愧是目前磁力最強的釹磁鐵君。

磁鋼三人組

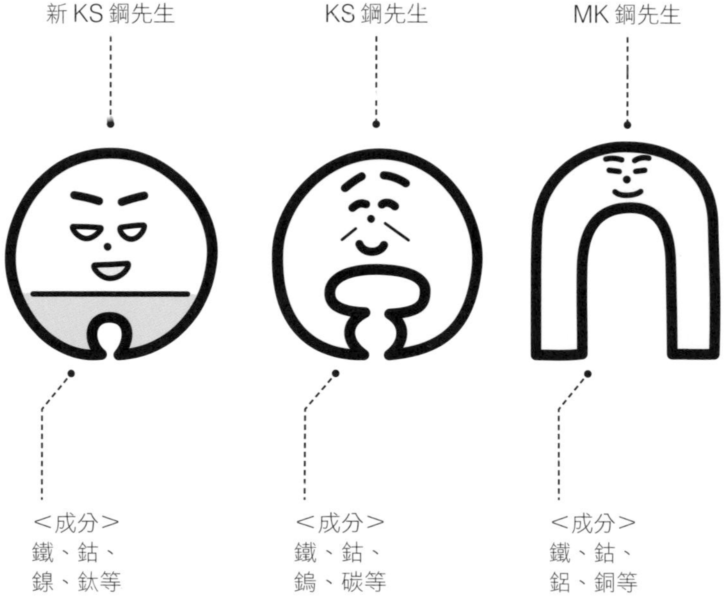
新 KS 鋼先生
KS 鋼先生
MK 鋼先生
＜成分＞
鐵、鈷、
鎳、鈦等
＜成分＞
鐵、鈷、
鎢、碳等
＜成分＞
鐵、鈷、
鋁、銅等

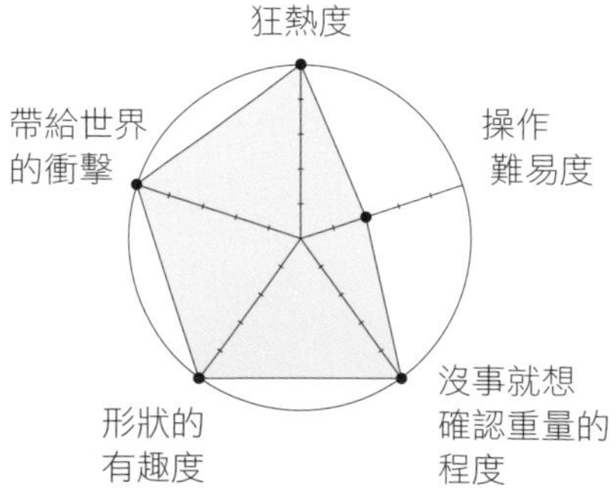
狂熱度
操作
難易度
沒事就想
確認重量的
程度
形狀的
有趣度
帶給世界
的衝擊

正式名稱 KS 鋼、MK 鋼、新 KS 鋼

擅長技能 吸引部分金屬

製造年代 分別是 1917、1931、1934 年

〈冷知識〉

發明 KS 鋼的研究所現在改名為金屬材料研究所，至今依然持續引領業界。

不只如此

活躍於 17～19 世紀的電力與磁力相關器材

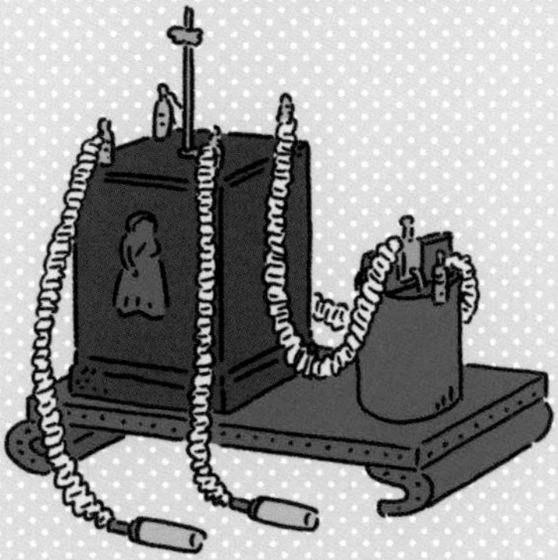

電池式靜電產生器

幕末思想家佐久間象山在 19 世紀中期製作。他被譽為日本最早做出電池的人。

韋氏起電機

19 世紀下半在英國發明。將裝有鋁片的圓板反向旋轉，就能產生高壓電。

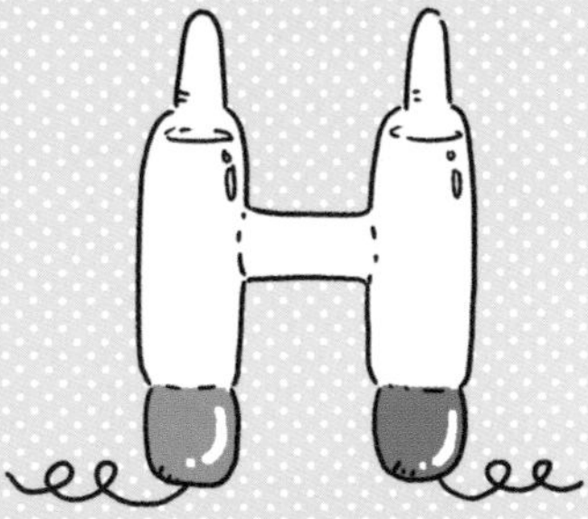

魏斯頓電池

開發精密電子測試設備需要能夠獲得正確且穩定電壓的電池。從 19 世紀末起約 100 年，魏斯頓電池都做為國際標準使用。

GS 電池

島津製作所的第二代島津源藏，在 1895 年製作日本最早的鉛蓄電池。GS 是島津源藏的縮寫。

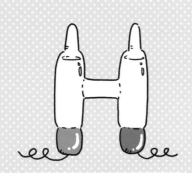

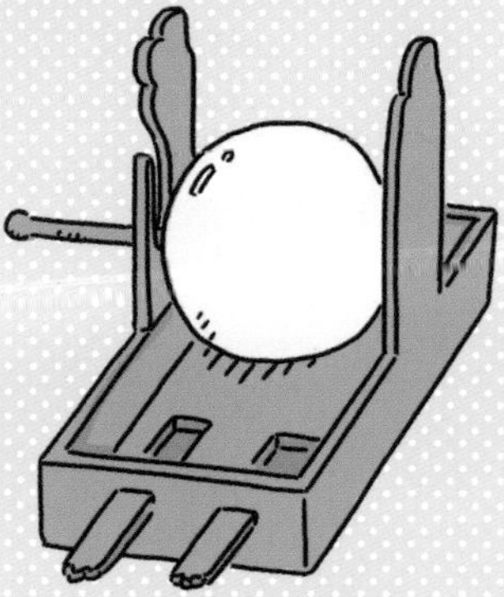

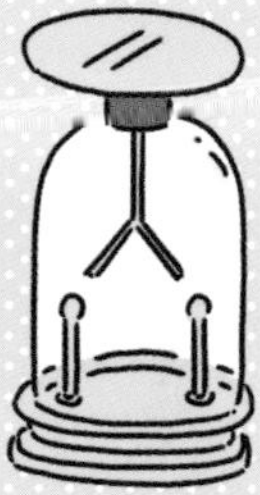

格里克的硫磺球

轉動硫磺製作的球以產生靜電的器材。由格里克先生在 17 世紀中期製作。

伏打驗電器

透過金屬箔的開闔，檢查物體是否帶電的工具。由伏打在 18 世紀後半製作。

法拉第圓盤發電機

由於 1831 年發現「電磁感應※定律」的實驗而誕生的器具，被稱為世界最早的發電機。

※線圈在靠近磁鐵及遠離磁鐵時，產生電流的現象。

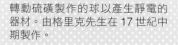

和前輩一起話當年 04

現在在便利商店就買得到的乾電池，不只能夠放進口袋，也是非常非常偉大的電力來源。然而在伏打電堆的時代，電池是又重、又大的離譜、又難用的雞肋商品。實際動手做就會知道（就算不做也能知道……），鋅板與銅板相當重，而且實驗後如果不仔細用水清洗，金屬板會立刻生鏽（這兩種金屬都還算值錢，不能用完即丟！）周圍也會被食鹽水（或稀硫酸）弄得濕答答。由此可以充分理解電池發明者有多偉大。

話題轉到磁鐵……如同正文中所說，近代磁鋼多由日本研發，就連平常使用於冰箱的磁鐵，也是1937年在東京工業大學的加藤與五郎及武井武的研究下，誕生於日本；而現在最強的釹磁鐵，則是由住友金屬的佐川真人等人，在1982年研發出來的。日本真的是磁鐵王國呢！

日本人聽到這樣的故事，想必都想動手做做看（不想嗎？）。其實無論是KS鋼之類的磁鋼，還是鐵氧體之類的材料，在製造時都還沒有磁力，必須放置於強大磁場中，經過「磁化」過程才會成為磁鐵。因此，就算只是把釘子等物品放置於強大磁場中，也能製造出磁鐵。但問題在於，強大的磁場該去哪裡找呢？

乾脆試著自己創造吧！那麼，就將釘子穿進漆包線捲成的線圈（也就是電磁鐵），將線的一端插進插座～（危險！千萬不要模仿！）結果會突然火花四射，線圈冒火，差那麼一點就釀成了火災，沒有觸電真是不幸中的大幸。（再次重申，真的很危險！）

電在現代是唾手可得又方便使用的能源，但不謹慎操作就會帶來危險。譬如富蘭克林的風箏實驗，需要充分且確實的設計與專業的指導。千萬不能忘記，電具有在短時間內作用的莫大能量……也就是爆炸的力量。

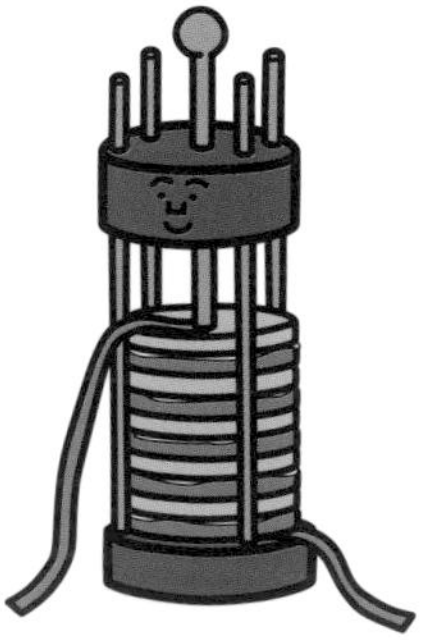

CHAPTER 5

真空與光的前輩

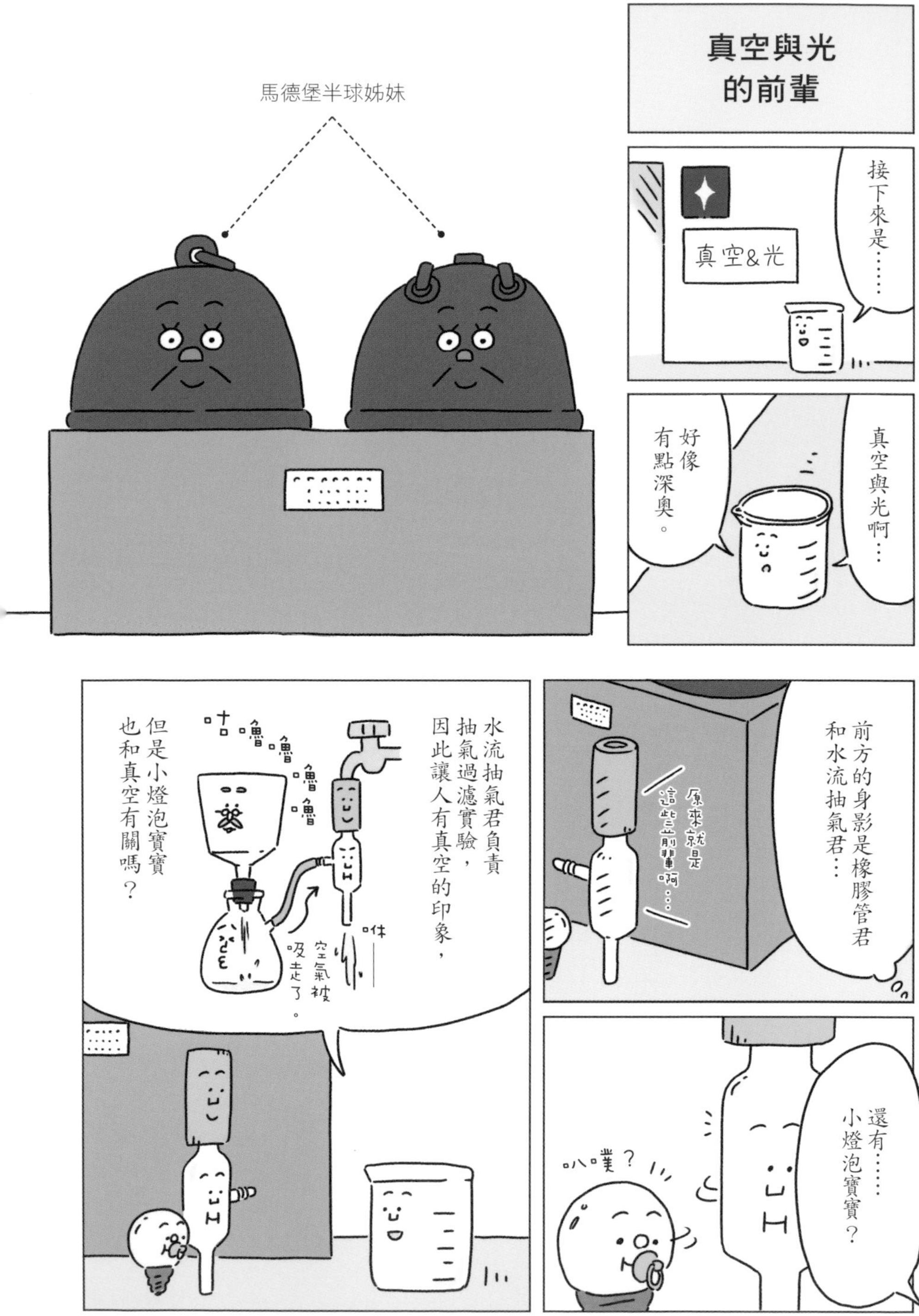
真空與光
的前輩
接下來是……
真空&光
真空與光啊……
好像有點深奧。
馬德堡半球姊妹
前方的身影是橡膠管君和水流抽氣君……
原來就是這些前輩啊……
還有……小燈泡寶寶？
叭噗？
水流抽氣君負責抽氣過濾實驗，因此讓人有真空的印象，
咕嚕嚕嚕嚕
咻——
空氣被吸走了。
但是小燈泡寶寶也和真空有關嗎？

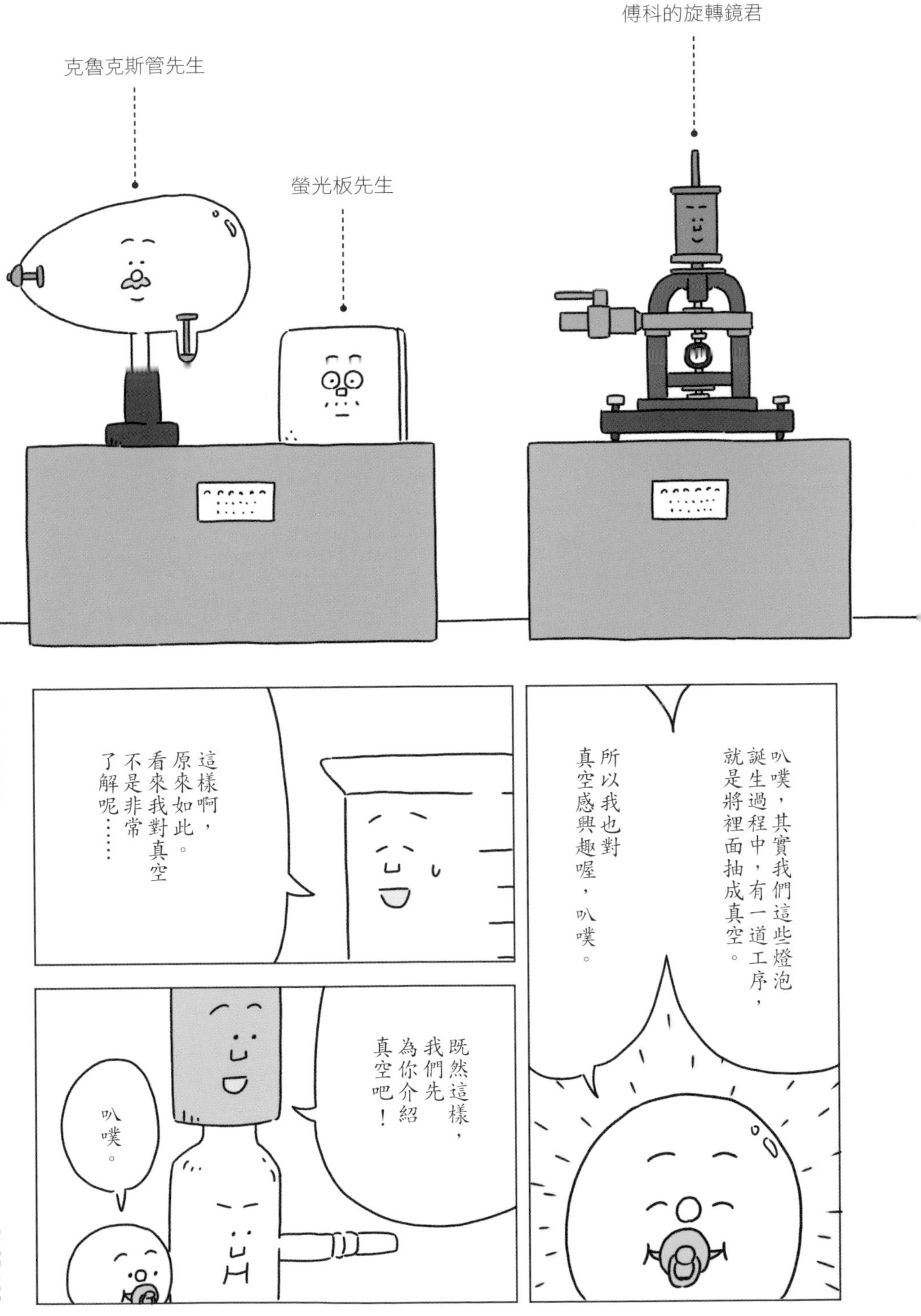
克魯克斯管先生
螢光板先生
傅科的旋轉鏡君
叭噗，其實我們這些燈泡誕生過程中，有一道工序，就是將裡面抽成真空。
所以我也對真空感興趣喔，叭噗。
這樣啊，原來如此。看來我對真空不是非常了解呢……
既然這樣，我們先為你介紹真空吧！
叭噗。

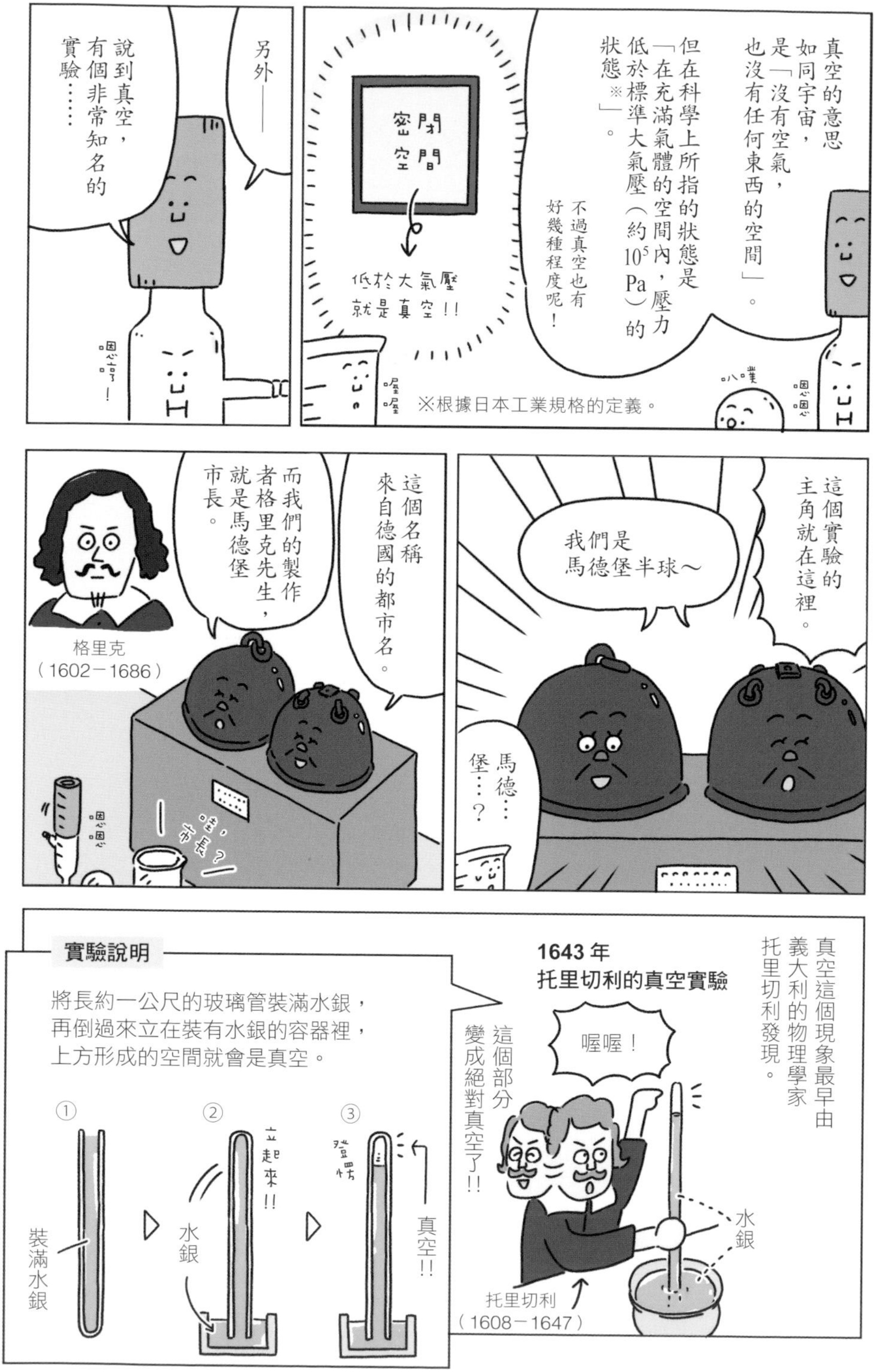
真空的意思如同宇宙，是「沒有空氣，也沒有任何東西的空間」。
但在科學上所指的狀態是「在充滿氣體的空間內，壓力低於標準大氣壓（約 10^5 Pa）的狀態※」。
不過真空也有好幾種程度呢！
密閉空間
低於大氣壓就是真空!!
嗯嗯
叭噗
喔喔
※根據日本工業規格的定義。
另外——
說到真空，有個非常知名的實驗……
嗯哼！
這個實驗的主角就在這裡。
我們是馬德堡半球～
馬德堡…？
這個名稱來自德國的都市名。
而我們的製作者格里克先生，就是馬德堡市長。
格里克（1602－1686）
哇，市長？
嗯嗯
真空這個現象最早由義大利的物理學家托里切利發現。
1643 年 托里切利的真空實驗
喔喔！
這個部分變成絕對真空了!!
水銀
托里切利（1608－1647）
實驗說明
將長約一公尺的玻璃管裝滿水銀，再倒過來立在裝有水銀的容器裡，上方形成的空間就會是真空。
①
裝滿水銀
②
立起來!!
水銀
③
登愣
真空!!

真空與光的前輩

與此同時，一邊擔任市長，一邊做研究的格里克先生，竟然製造出世界最早的真空幫浦。
我改良消防用幫浦，做出了真空幫浦~
只要使用這個，應該比較容易創造出真空狀態。
要是可以抽成真空，就能進行前所未有的實驗~
抽氣
抽氣
金屬球
抽氣
抽氣
嗯~這個金屬球內應該真空了……
凹陷
凹陷
唰啦
凹陷
哇!!
原來……金屬球無法承受真空而被壓扁了。
……這也代表裡面的空氣完全被抽出去了。
那麼，接下來就只要做出更堅固的球……
於是，我們就誕生了！
喔呵呵，我們很堅固喔~
後來，格里克先生確認我們能夠承受真空之後，就策劃了推廣真空厲害之處的公開實驗。
既然要做，就盛大的找來觀眾吧……
雖然會花很多錢，不過花就花吧！

真空與光的前輩

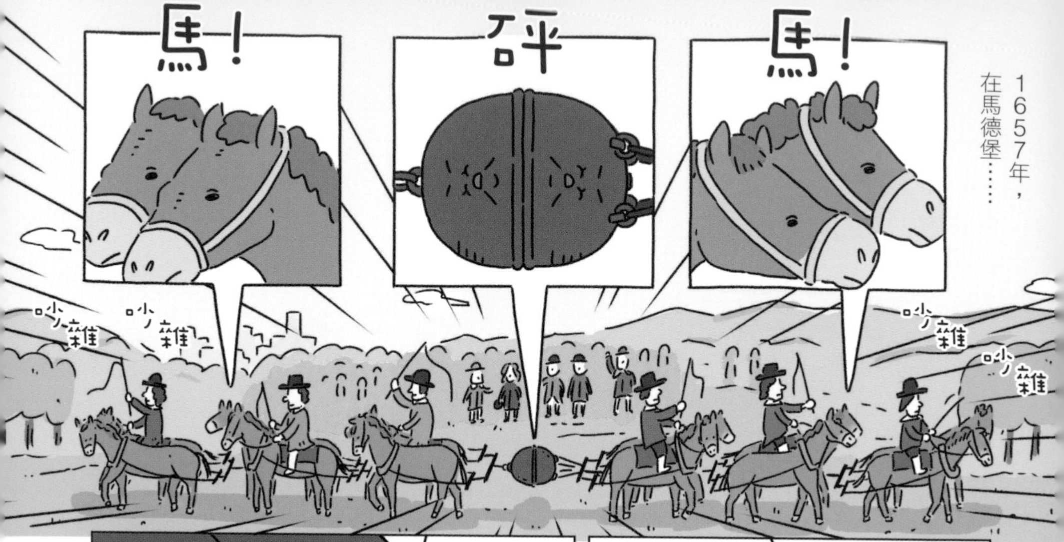
1657年，在馬德堡……
馬！
砰
馬！
吵雜
吵雜
吵雜
吵雜

用馬來做實驗，這想法真是驚人啊～
這就是所謂的馬德堡半球實驗。
真懷念啊！

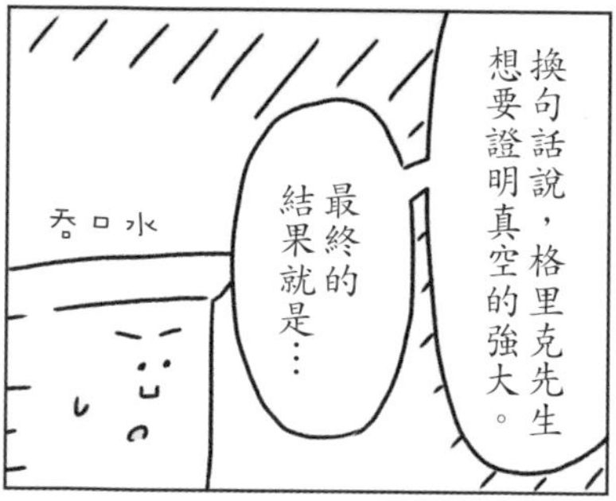
換句話說，格里克先生想要證明真空的強大。
最終的結果就是…
吞口水

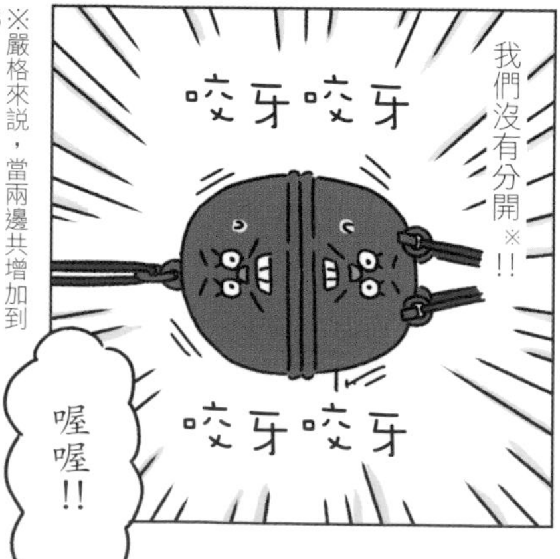
我們沒有分開※!!
咬牙咬牙
咬牙咬牙
喔喔!!

※嚴格來說，當兩邊共增加到16匹馬時，半球就分開了。

馬德堡半球實驗說明

步驟①
事先抽出
半球中的空氣

抽出
抽出

步驟②
將繩索穿過半球，與馬相連。

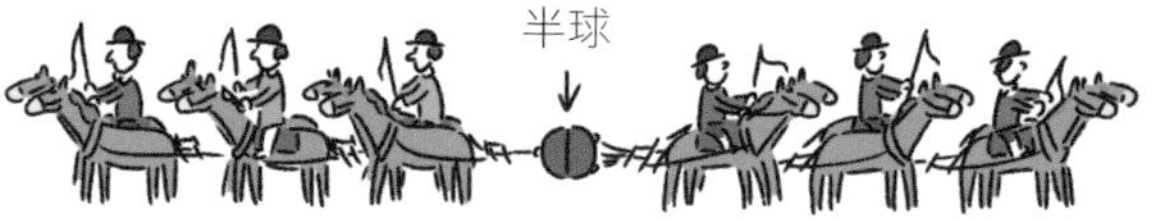
半球

步驟③
策馬向兩邊拉。

嘶嘶——！
半球
嘶嘶——！

實驗後……
那麼，這兩顆連馬也分不開的球……
就由我來分開吧！
吵雜
吵雜
吵雜
吵雜
轉動轉動
咻
噗
只要不再是真空就能像這樣輕鬆打開了!!
打開
太厲害了！
咦，為什麼!?
拍手
拍手

後來這個實驗流傳開來，世界各地都著手開發真空幫浦，因此真空的技術愈來愈進步。
原來如此～
另一方面……能邊當市長邊進行研究，
格里克先生實在太厲害了!!

原理說明

① 內部抽成真空之後，由於只有外部有壓力（大氣壓），所以打不開。

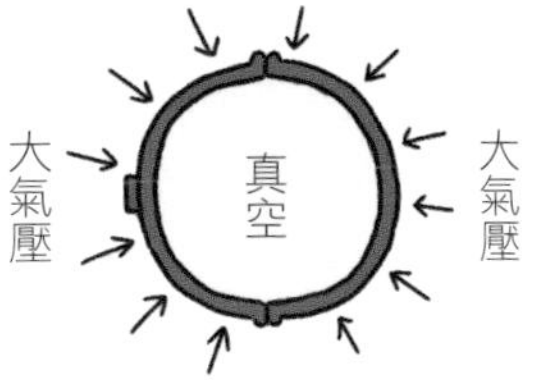
大氣壓
真空
大氣壓

② 轉動閥門，讓空氣進去，恢復成原本的狀態。

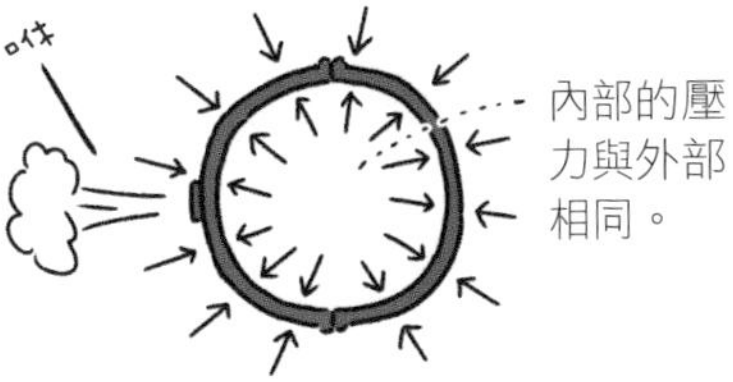
咻
內部的壓力與外部相同。

③ 內部與外部的壓力差消失，因此輕鬆就能打開。

打開

馬德堡半球姊妹

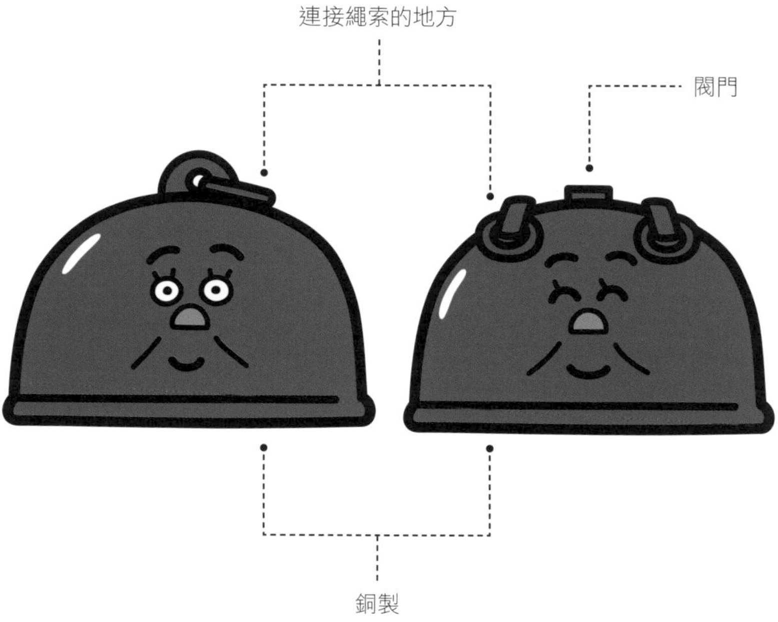
連接繩索的地方
閥門
銅製

狂熱度
操作
難易度
歷史
價值
名字難念
的程度
帶給世界
的衝擊

正式名稱 馬德堡半球
擅長技能 承受真空
製造年代 17 世紀中

〈冷知識〉

製造者格里克家裡原本經營釀造業，因此最初是使用釀造用的木桶進行真空實驗。

不只如此

與真空相關的器材

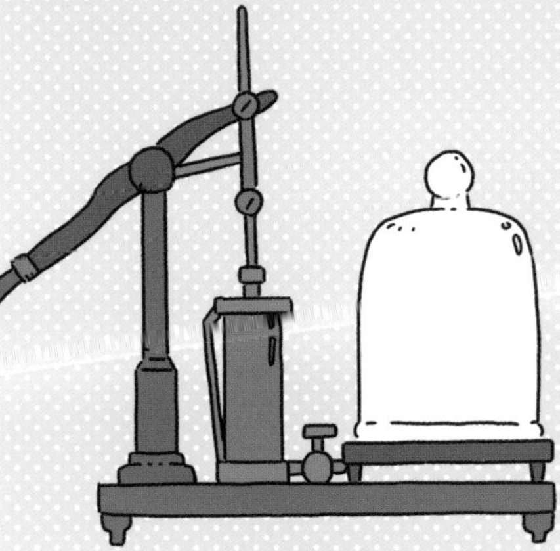

島津製排氣機

現今的島津製作所在 1880 年左右製作的真空幫浦。透過上下擠壓幫浦，將右側玻璃容器內的空氣排出。

波以耳的真空幫浦

英國物理學家波以耳受到格里克實驗啟發所製作的器材。可將待測樣本放入器材上方的玻璃容器內。

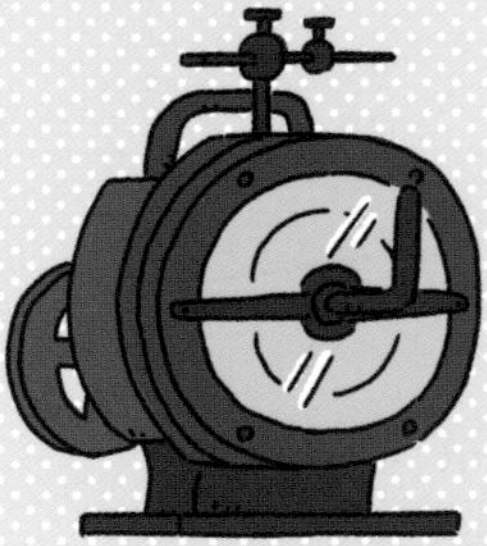

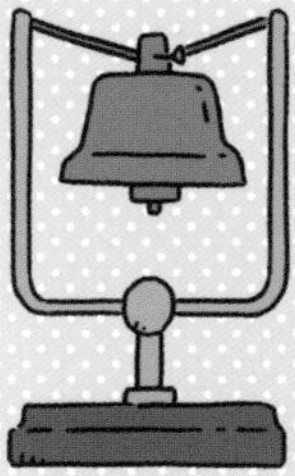

分子牽引幫浦

德國物理學家革得在 1905 年發明的幫浦。透過馬達驅動，可得到 10^{-6}mmHg 的高真空。

真空鈴

在真空狀態敲鈴噹，證明聲音無法在真空中傳遞。

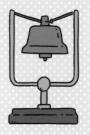

傅科的旋轉鏡君
嗚哇，真空的力量真強大。
對吧～
叭噗!! 下一位前輩也很厲害喔!!
他就是傅科的旋轉鏡君，叭噗!!
我最擅長與光有關的實驗。
光和旋轉鏡……難道是靠鏡子將光反射嗎？
是的，燒杯君說的沒錯!!
我使用這個旋轉的鏡子測量光的速度。
光的速度？
沒錯，19世紀前，很多科學家都測過光速。
法國物理學家
菲左
（1819－1896）
從遠處反射觀測地點射出的光，再測量反射回來的時間。
得到這樣的結果……
31萬km/s
（誤差※4.4%）
丹麥天文學家
羅默
（1644－1710）
1676年，觀測木星衛星運行的週期性計算。
得到這樣的結果……
22萬km/s
（誤差※29%）
※與現在光速的測定值（定義值）每秒299792458公尺比較。

而其中一位測量光速的人
就是我的製作者，
法國物理學家傅科。
他在1862年用我進行實驗，
得到這樣的結果……
光速是
每秒29.8萬公里!!
傅科
（1819－1868）
他的誤差竟然
只有0.6％!!
從當時的角度來看，
傅科先生成功推導出
非常正確的值!!
好厲害!!

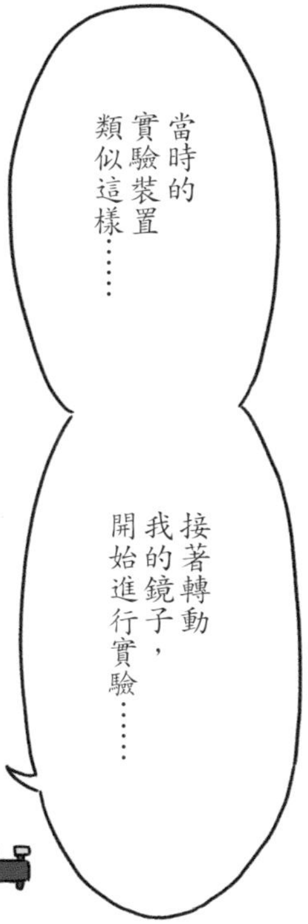
當時的
實驗裝置
類似這樣……
接著轉動
我的鏡子，
開始進行實驗……

傅科的光速測量實驗說明

這樣的裝置讓光源射出來的光，透過旋轉鏡反射之後，照到反射鏡，再回到旋轉鏡，最後回到光源（觀測處）。

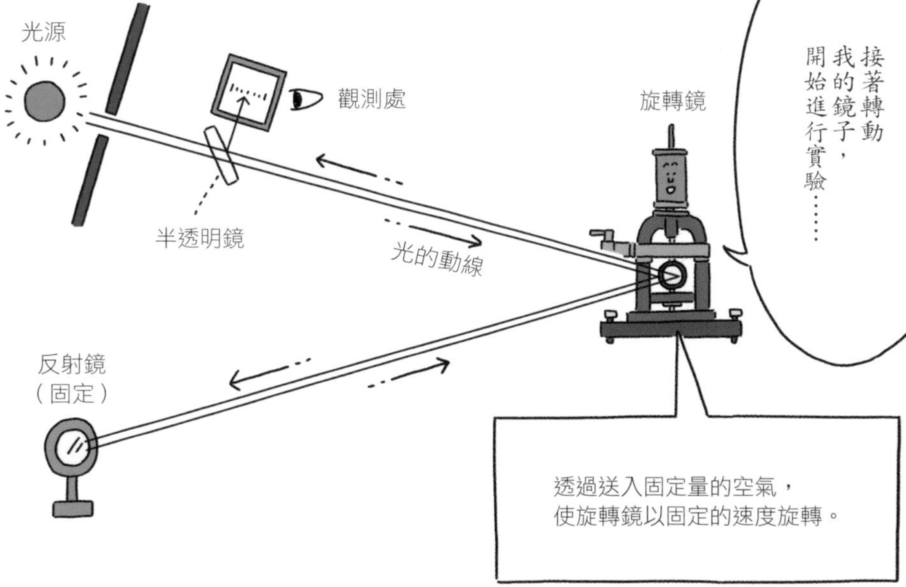
光源
觀測處
半透明鏡
光的動線
旋轉鏡
反射鏡
（固定）
透過送入固定量的空氣，
使旋轉鏡以固定的速度旋轉。

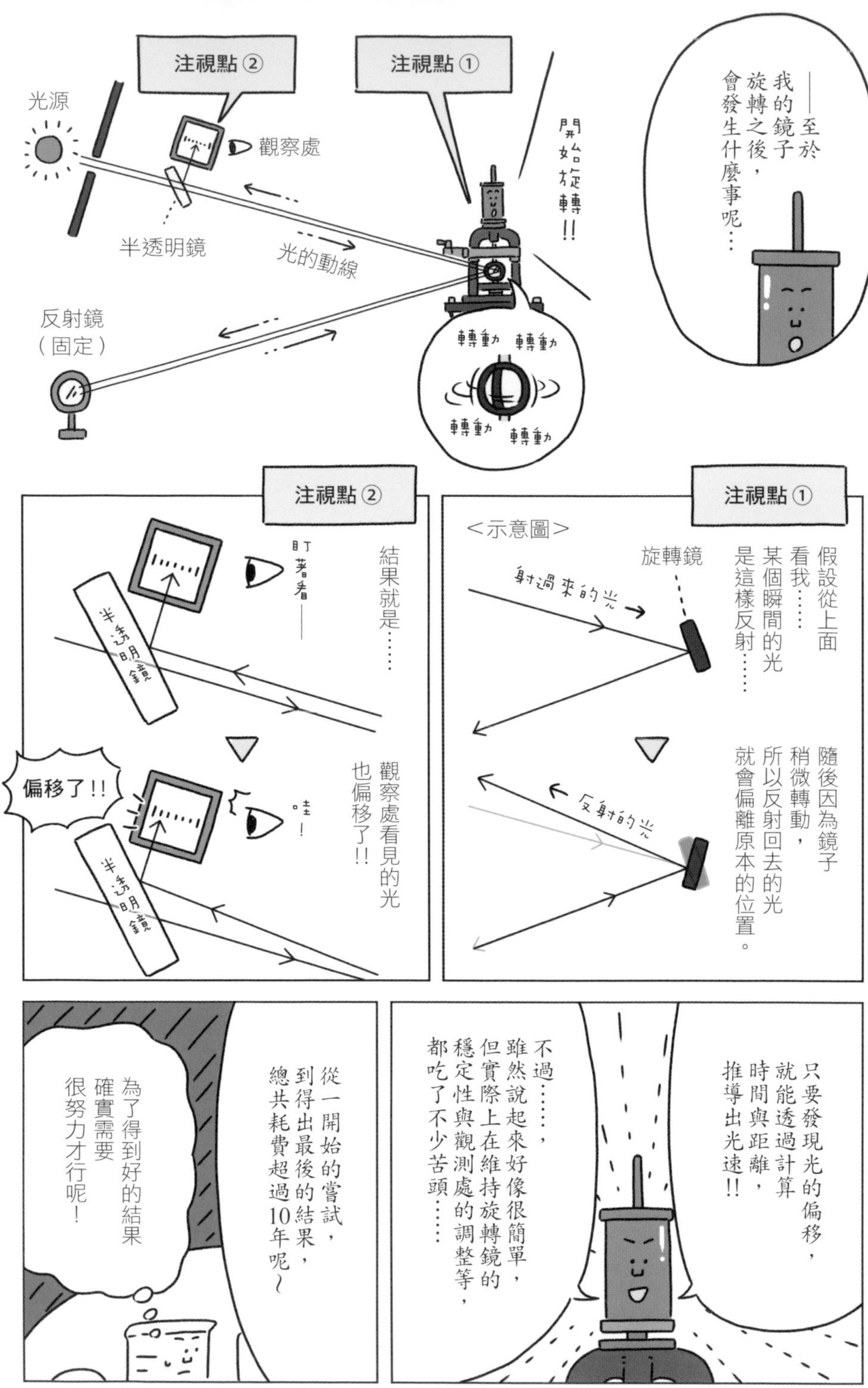
——至於我的鏡子旋轉之後，會發生什麼事呢……
開始旋轉!!
注視點①
注視點②
光源
觀察處
半透明鏡
光的動線
反射鏡（固定）
轉動 轉動
轉動 轉動
注視點①
<示意圖>
假設從上面看我……某個瞬間的光是這樣反射……
旋轉鏡
射過來的光
隨後因為鏡子稍微轉動，所以反射回去的光就會偏離原本的位置。
反射的光
注視點②
結果就是……
盯著看——
半透明鏡
觀察處看見的光也偏移了!!
哇!
偏移了!!
半透明鏡
只要發現光的偏移，就能透過計算時間與距離，推導出光速!!
不過……，雖然說起來好像很簡單，但實際上在維持旋轉鏡的穩定性與觀測處的調整等，都吃了不少苦頭……
從一開始的嘗試，到得出最後的結果，總共耗費超過10年呢~
為了得到好的結果確實需要很努力才行呢!

傳科的旋轉鏡君

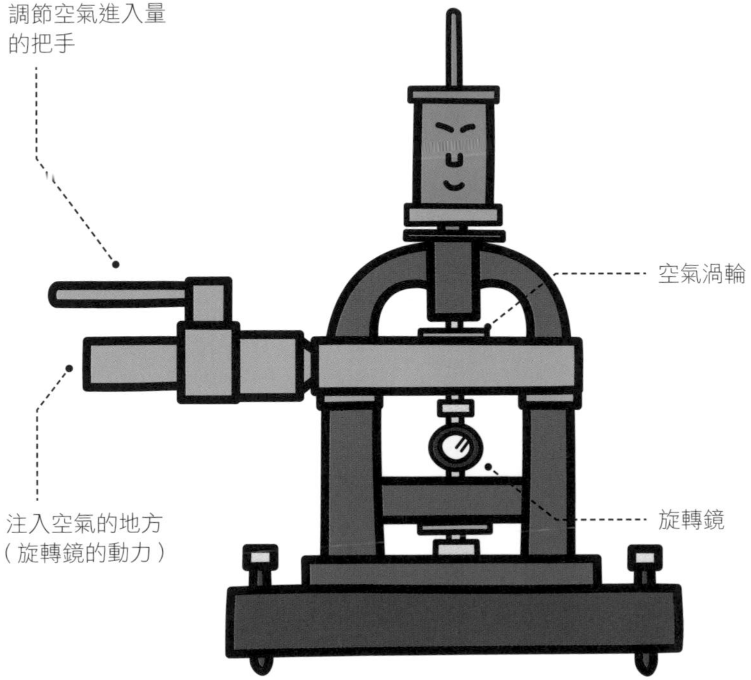
調節空氣進入量
的把手
空氣渦輪
旋轉鏡
注入空氣的地方
（旋轉鏡的動力）

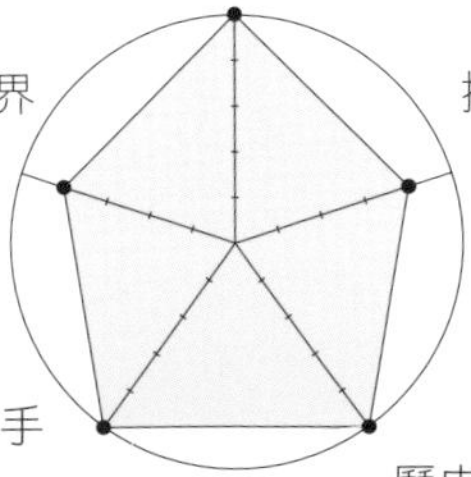
狂熱度
操作
難易度
歷史
價值
想要用手
撥動
旋轉鏡的程度
帶給世界
的衝擊

正式名稱 傳科的旋轉鏡

擅長技能 轉動鏡子

製造年代 19 世紀中期

〈冷知識〉

製造者傳科的傅科擺（用來證明地球自轉）也很有名。

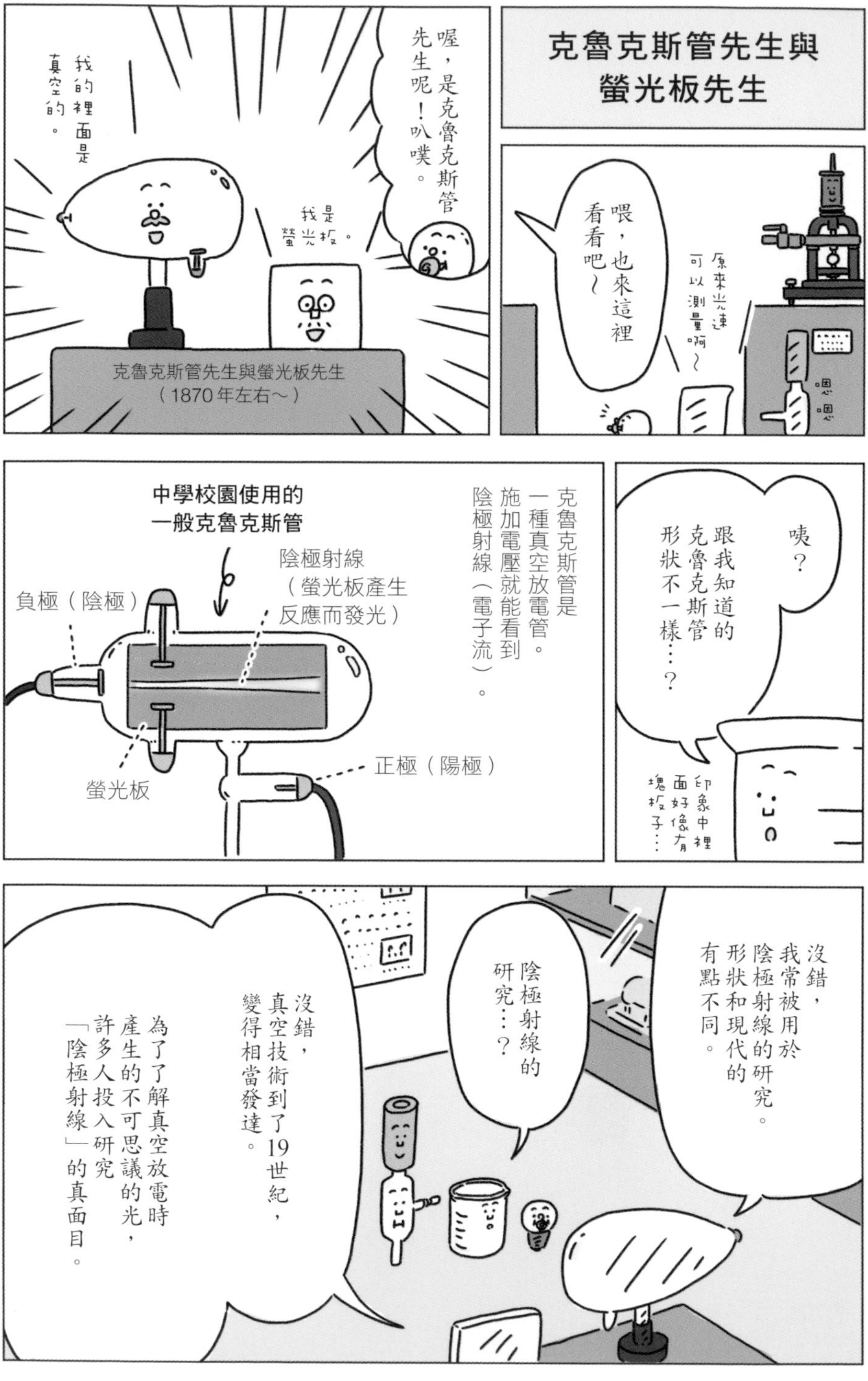
克魯克斯管先生與螢光板先生
喂，也來這裡看看吧～
原來光速可以測量啊～
嗯嗯
喔，是克魯克斯管先生呢！叭噗。
我的裡面是真空的。
我是螢光板。
克魯克斯管先生與螢光板先生（1870年左右～）
咦？跟我知道的克魯克斯管形狀不一樣…？
印象中裡面好像有塊板子…
克魯克斯管是一種真空放電管。施加電壓就能看到陰極射線（電子流）。
中學校園使用的一般克魯克斯管
陰極射線（螢光板產生反應而發光）
負極（陰極）
螢光板
正極（陽極）
沒錯，我常被用於陰極射線的研究。形狀和現代的有點不同。
陰極射線的研究…？
沒錯，真空技術到了19世紀，變得相當發達。
為了了解真空放電時產生的不可思議的光，許多人投入研究「陰極射線」的真面目。

就在這時候……
我們在19世紀末，參與了非常驚人的發現。
1895年，德國物理學家倫琴，也是研究陰極射線的其中一人。
※房間太亮會影響陰極射線，所以將光線調暗。
倫琴（1845－1923）
把克魯克斯管用暗色的紙包起來。
那麼……
打開開關!!
啪嚓
這時候沒有發光！
微光……
嗯？
轉頭
咦？那是什麼光……
為什麼那邊會亮？
微微發亮
呀，那時候發光的就是我本人。

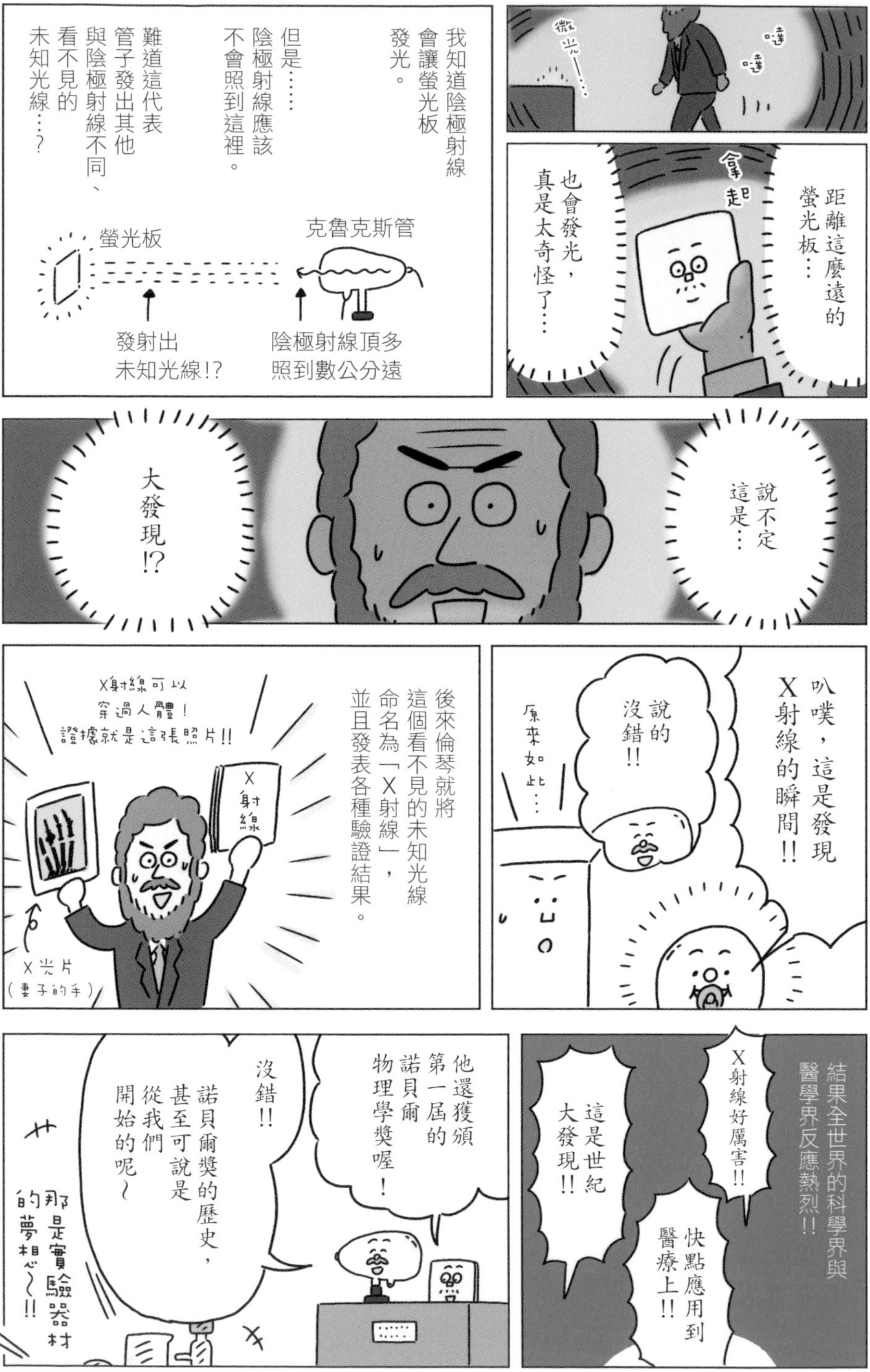
嗒
嗒
微光ー……
距離這麼遠的螢光板…
拿起
也會發光，真是太奇怪了……
我知道陰極射線會讓螢光板發光。
但是……陰極射線應該不會照到這裡。
難道這代表管子發出其他與陰極射線不同、看不見的未知光線…？
克魯克斯管
螢光板
陰極射線頂多照到數公分遠
發射出未知光線!?
說不定這是…
大發現!?
叭噗，這是發現X射線的瞬間!!
說的沒錯!!
原來如此…
後來倫琴就將這個看不見的未知光線命名為「X射線」，並且發表各種驗證結果。
X射線可以穿過人體！證據就是這張照片!!
X射線
X光片（妻子的手）
結果全世界的科學界與醫學界反應熱烈!!
X射線好厲害!!
這是世紀大發現!!
快點應用到醫療上!!
他還獲頒第一屆的諾貝爾物理學獎喔！
沒錯!!
諾貝爾獎的歷史，甚至可說是從我們開始的呢～
那是實驗器材的夢想～!!

克魯克斯管先生與螢光板先生

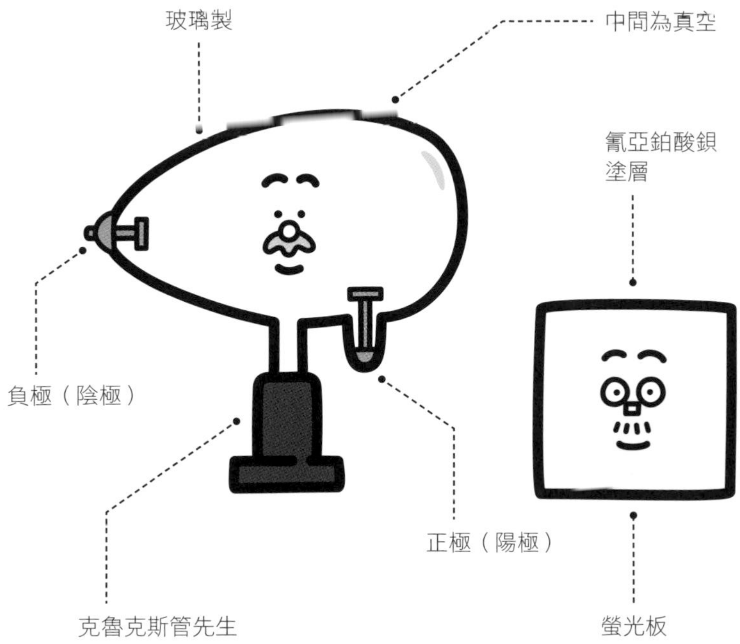
玻璃製
中間為真空
氰亞鉑酸鋇
塗層
負極（陰極）
正極（陽極）
克魯克斯管先生
螢光板

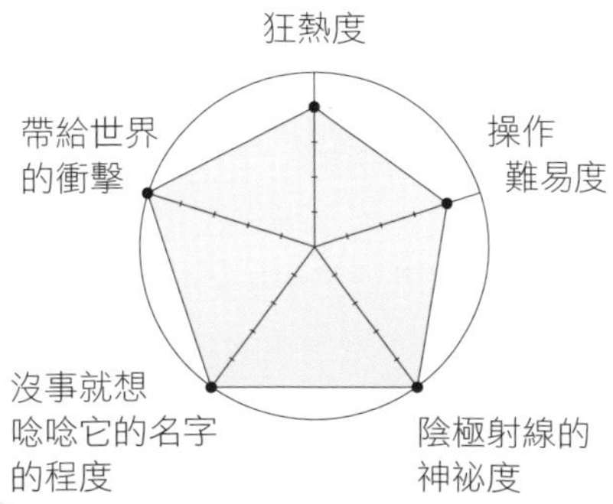
狂熱度
操作
難易度
陰極射線的
神祕度
沒事就想
唸唸它的名字
的程度
帶給世界
的衝擊

正式名稱 克魯克斯管

擅長技能 產生陰極射線

製造年代 1870 年左右

〈冷知識〉

克魯克斯這個名字來自製造者——英國物理學家威廉．克魯克斯（1832－1919）

不只如此

各式各樣的實驗用真空放電管

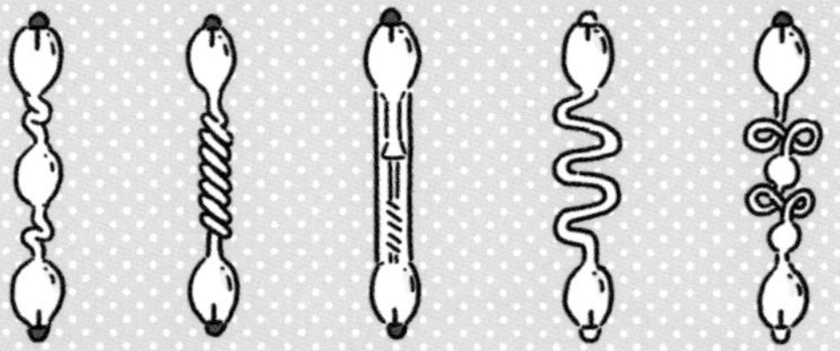

蓋斯勒管

地位相當於真空放電管的先驅。最早是由德國玻璃工匠蓋斯勒（Heinrich Geissler，1814－1879）受物理學家普呂克（Julius Plücker，1801－1868）的委託而製作。蓋斯勒管製造出來後，即可進行低壓氣體的電傳導實驗。

裝有葉輪的克魯克斯管

裡面裝有可在軌道上移動的輕葉輪。葉輪看起來像是被陰極射線打到而移動，但其實葉輪是因為受到殘留氣體的作用而移動。

展現熱作用的克魯克斯管

下方電極呈現凹面鏡的形狀，焦點處裝有鋁金屬片。可以觀察到金屬片因陰極射線而變得炙熱。

高德斯坦管

由於陰極射線全部朝著同一個方向平行放射，所以電極加工成星形。名稱來自德國物理學家高德斯坦（Eugen Goldstein，1850－1930）。

普魯伊管

上方電極的陰極射線打到裡面的葉輪，使葉輪因氣體溫度變化而旋轉。名稱來自烏克蘭的物理學家普魯伊（Ivan Puluj，1845－1918）。

博學多聞的小燈泡寶寶
總而言之——，大家知道倫琴先生偶然發現的X射線，
現在也在各式各樣的場合使用嗎？
我知道，叭噗!!
喔，你很厲害嘛～
醫院拍X光片、機場檢查行李等等都會用到，叭噗!!
X射線使用的場合
醫院
機場
等等
嗯嗯，你說的沒錯。
點頭
除此之外，也會用來分析藝術品的成分或是遺址出土器物喔，叭噗～
X射線在文化資產上的應用
分析畫作的成分
測定出土器物的年代
分析佛像的結構與成分
啊，看來那個孩子比我還清楚……
原來藝術品也會使用X射線。
沒、沒錯。
你很用功呢！
嗯，你說的沒錯。
其他應用還有……以及……
我也要更認真一點才行。

和前輩一起話當年

05

我很嚮往格里克（Otto von Guericke）開發的真空幫浦。掛上「真空」的招牌，就是和一般的幫浦不一樣，一般的幫浦是……我邊碎念邊調查，卻還是搞不清楚關鍵差異。其他還有真空容器、真空閥、真空管、真空飛膝踢（啊，這是另一回事……）等等，這些器材都給人相當特別的印象。但我後來才知道，這些器材的「真空」，指的是「不漏氣的設計」，基本結構依然與一般的容器、閥、管相同（真空飛膝踢事實上也是普通的飛膝踢……汗）。

即使如此，我依然無法停止對真空的嚮往，真想看看托里切利（Evangelista Torricelli）進行水銀柱實驗形成的真空……。但是，取得大量的水銀並不容易，處理起來也有點麻煩。於是，我想到了其他方法。

托里切利原本想透過水銀柱的實驗，試著說明自古以來為人所知「幫浦無法從超過10公尺深的水井打水上來」的現象。據說托里切利年輕時的老師伽利略，也注意到這個現象。如果使用比重13.5，也就是水的13.5倍重的水銀進行實驗，就能用較小的裝置嘗試！托里切利點子的關鍵就在這裡，結果管子上方成功形成真空，證明這時水銀的重量符合大氣壓。後來，利用這個原理也發展出可測量大氣壓的儀器「氣壓計」（以前稱為水銀柱）。

換句話說，只要有高10公尺以上的管子，就可以用水進行實驗，不需要用到水銀。於是我試著將看起來堅固的透明塑膠管沉入水桶，讓它裝滿水，並將其中一端封緊，從校舍的陽台以繩子將塑膠管吊起來。當高度超過10公尺時，管子上端真的立刻出現夢想中的托里切利真空！不久後，因減壓使得溶進水中的空氣變成泡泡，從10公尺的水管中升起。這幅美麗的光景，讓我非常感動。那瞬間我發現，就算大腦理解了，親眼看到依然是一件非常重要的事情。

CHAPTER 6

玻璃製的前輩

玻璃製的前輩

玻璃啊～
向前走去
我的前輩也在這嗎？
咦？那是……
哇喔～！

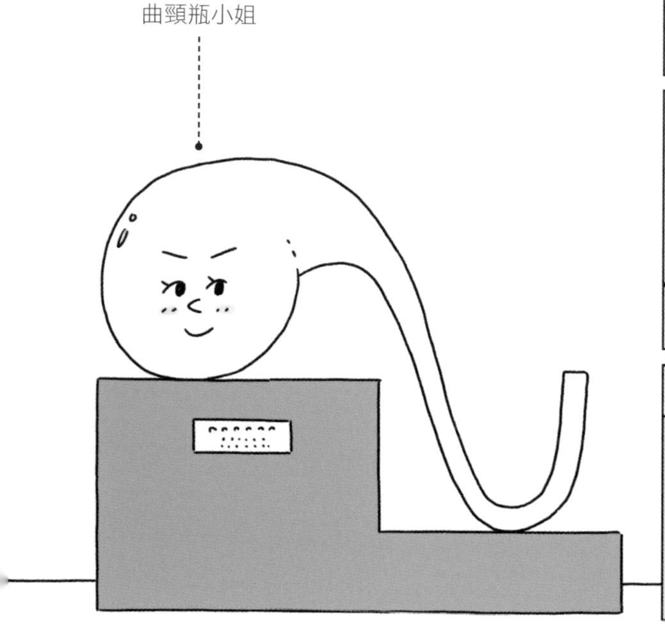
曲頸瓶小姐

玻璃製的前輩

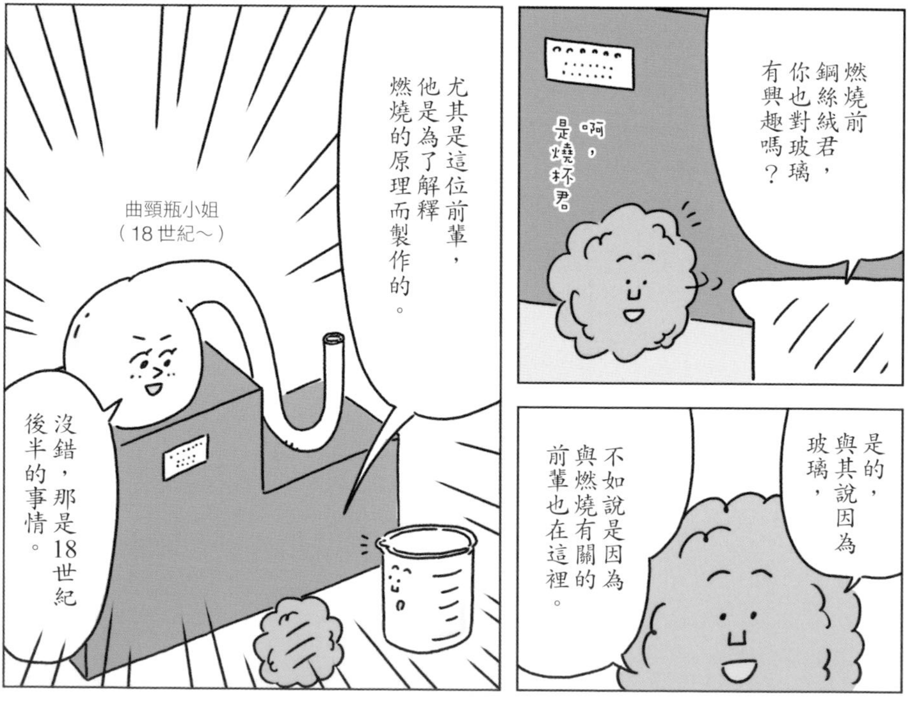
燃燒前鋼絲絨君，你也對玻璃有興趣嗎？
啊，是燒杯君
是的，與其說因為玻璃，
不如說是因為與燃燒有關的前輩也在這裡。
尤其是這位前輩，他是為了解釋燃燒的原理而製作的。
曲頸瓶小姐（18世紀～）
沒錯，那是18世紀後半的事情。

玻璃製的前輩

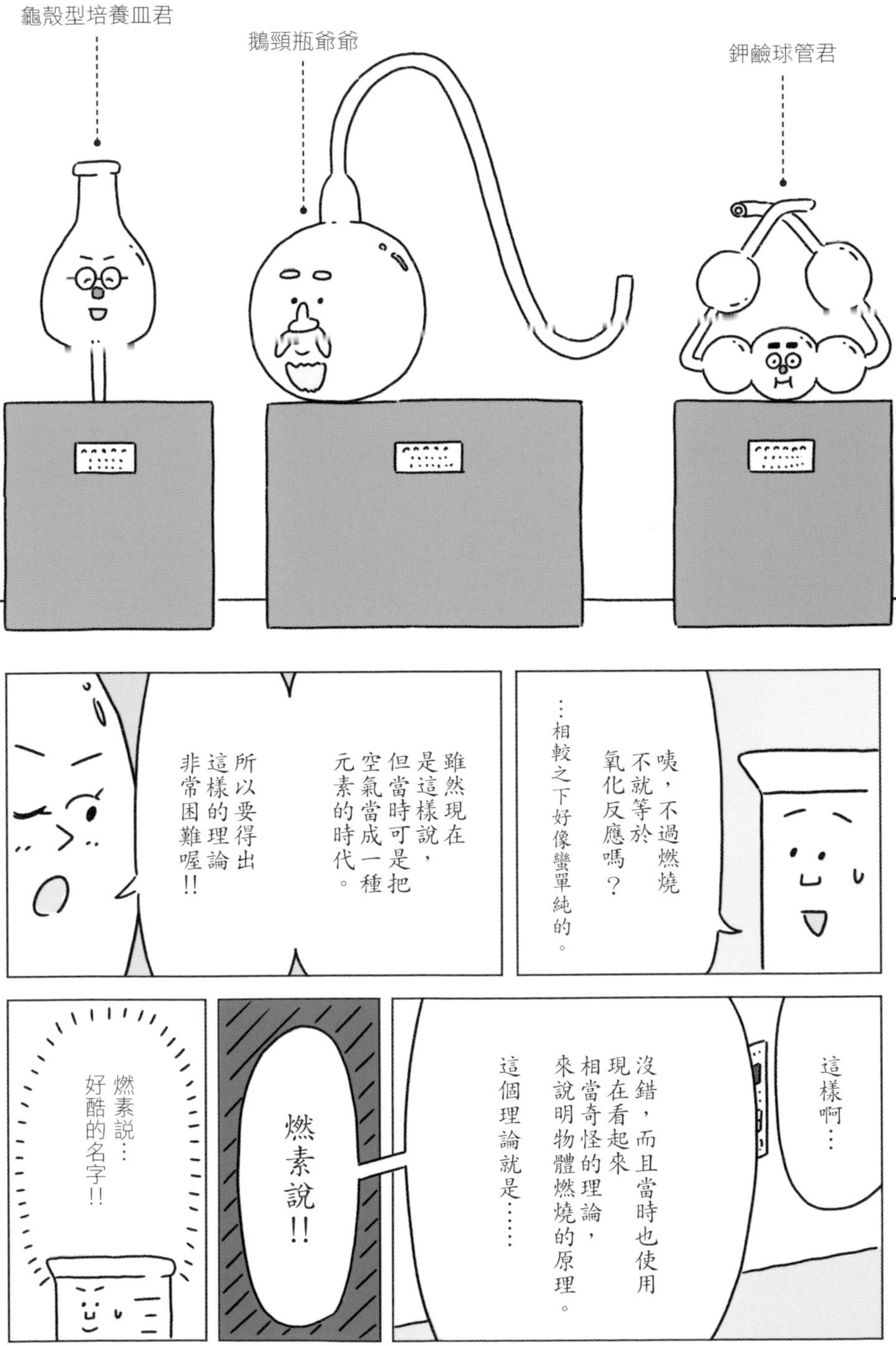
龜殼型培養皿君
鵝頸瓶爺爺
鉀鹼球管君
咦，不過燃燒不就等於氧化反應嗎？
…相較之下好像蠻單純的。
雖然現在是這樣說，但當時可是把空氣當成一種元素的時代。
所以要得出這樣的理論非常困難喔!!
這樣啊…
沒錯，而且當時也使用現在看起來相當奇怪的理論來說明物體燃燒的原理。
這個理論就是……
燃素說!!
燃素說…好酷的名字!!

玻璃製的前輩

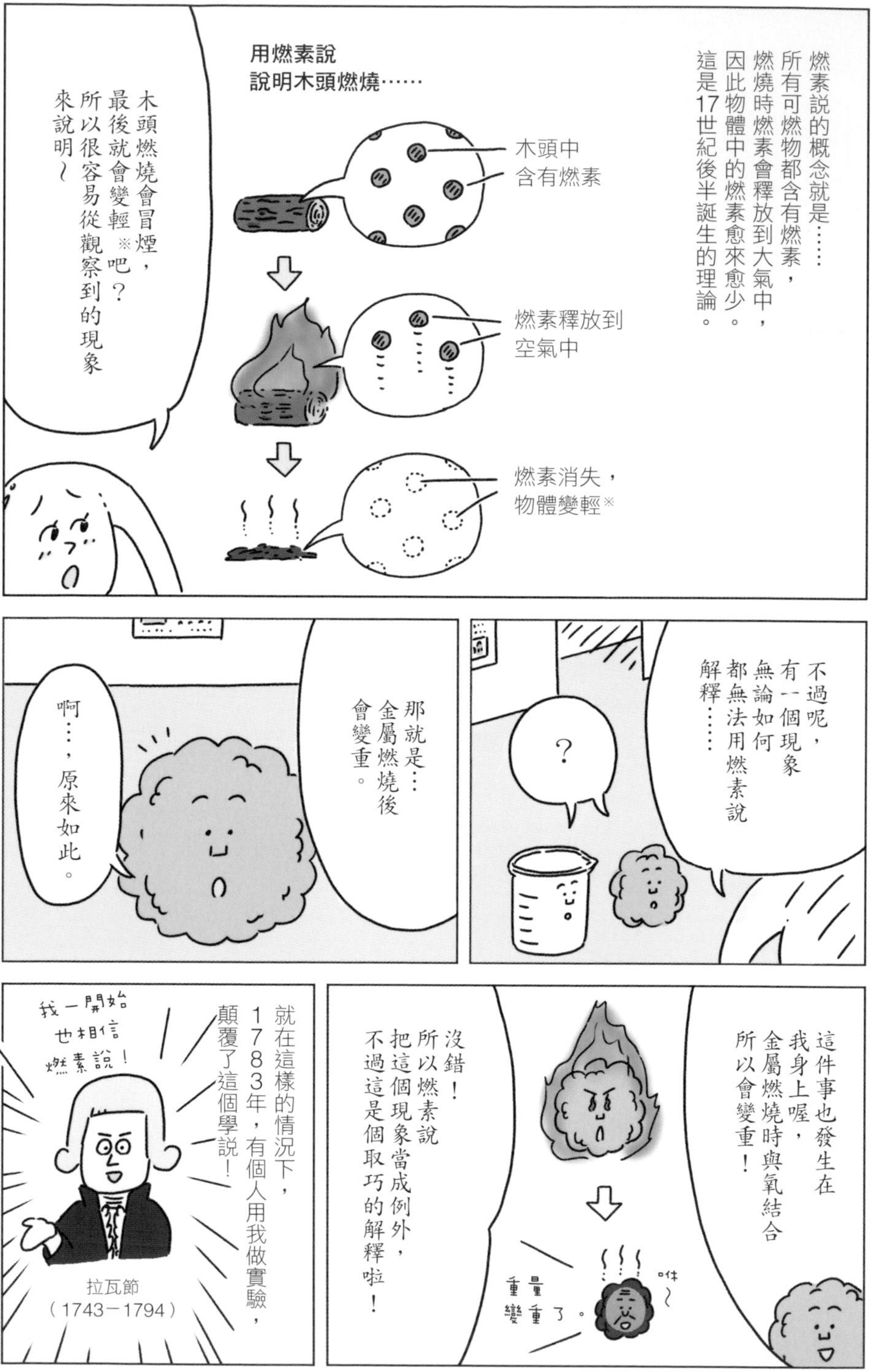
燃素說的概念就是……
所有可燃物都含有燃素，
燃燒時燃素會釋放到大氣中，
因此物體中的燃素愈來愈少。
這是17世紀後半誕生的理論。
用燃素說
說明木頭燃燒……
木頭中含有燃素
燃素釋放到空氣中
燃素消失，物體變輕※
木頭燃燒會冒煙，最後就會變輕※吧？所以很容易從觀察到的現象來說明～
不過呢，有一個現象無論如何都無法用燃素說解釋……
？
那就是……金屬燃燒後會變重。
啊……，原來如此。
這件事也發生在我身上喔，金屬燃燒時與氧結合所以會變重！
咻～
重量變重了。
沒錯！所以燃素說把這個現象當成例外，不過這是個取巧的解釋啦！
就在這樣的情況下，1783年，有個人用我做實驗，顛覆了這個學說！
我一開始也相信燃素說！
拉瓦節（1743－1794）

※木頭中的碳及氫等形成二氧化碳與水，所以變輕了。

拉瓦節先生的厲害之處
在於做實驗的時候
會澈底量測。
做實驗最重要的就是測量吧！
雖然現在是理所當然的事情，
但當時「只要能夠說明現象就好」
甚至提出燃素說這樣的學說，
因此他的做法相當少見。

於是，拉瓦節先生
做了許多關於燃燒的實驗，
但做著做著……
燃素說……
說不定是錯的？
他突然產生這樣的想法。

而決定性的一刻就是……
讓我大顯身手的實驗!!

拉瓦節的水銀燃燒實驗

步驟 ① 將曲頸瓶內的水銀加熱 12 天。
↓
步驟 ② 曲頸瓶前端鐘狀玻璃容器內的空氣，因燃燒而減少。
↓
步驟 ③ 測量減少的空氣量。

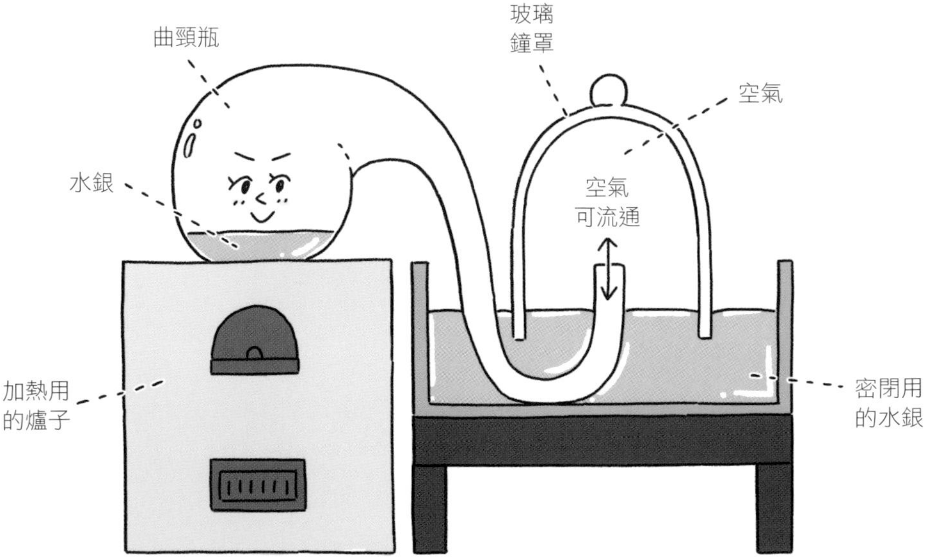
曲頸瓶
玻璃鐘罩
空氣
水銀
空氣可流通
加熱用的爐子
密閉用的水銀

玻璃製的前輩

結果玻璃鐘罩內的空氣減少了20%。
而空氣的去向，可參考我內部的水銀。
這個現象就和剛才提到的鋼絲絨燃燒後變重一樣。
加熱前
加熱前
除此之外也進行了相反的實驗※，發現可以獲得和原本實驗相等的空氣量。
水銀面上升!!
燃燒!!
玻璃內的水銀面上升多少，這裡就下降多少。
空氣的20%……氧在空氣中的比例，差不多就是這樣呢!!
沒錯!!
原來如此～
於是拉瓦節先生根據結果建立了新的燃燒理論。
根本沒有燃素這種東西!!
燃燒是部分空氣的反應。我將這種空氣命名為氧氣！
氧氣在希臘文的意思是「酸味產生者」，而這個氣體總是存在酸當中!!
後來，拉瓦節先生以此為開端，建立了化學相關的基礎理論。
這項功績甚至讓他被譽為近代化學之父呢！
喔喔～
不過，後來才知道，也不是所有的酸中都含有氧氣……
所以這個命名感覺有點過於武斷～
沒關係啦，有時難免會發生這種事的～

※將燃燒後的水銀（氧化水銀）高溫加熱，還原成純粹水銀的實驗。

曲頸瓶小姐

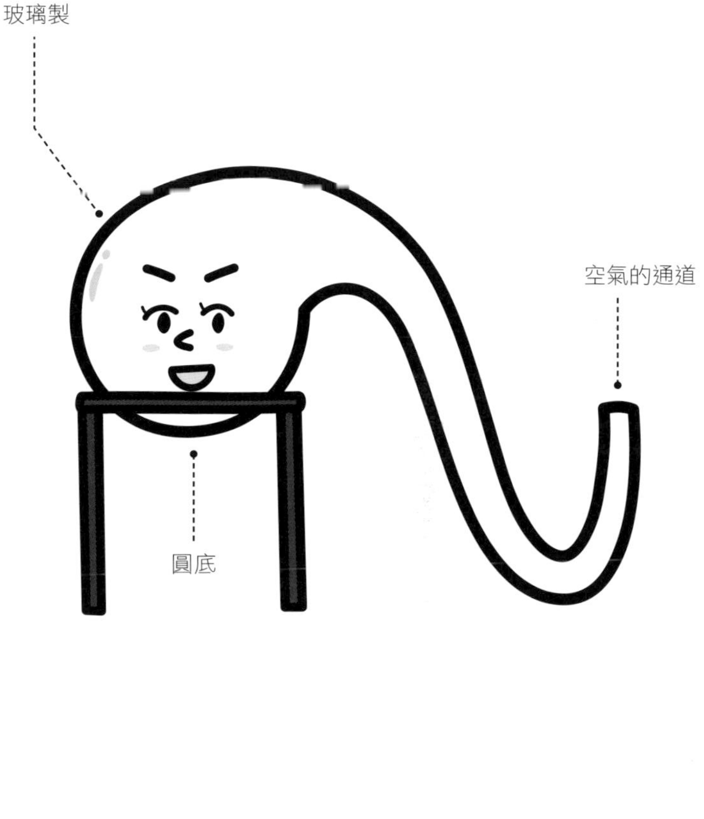
玻璃製
空氣的通道
圓底

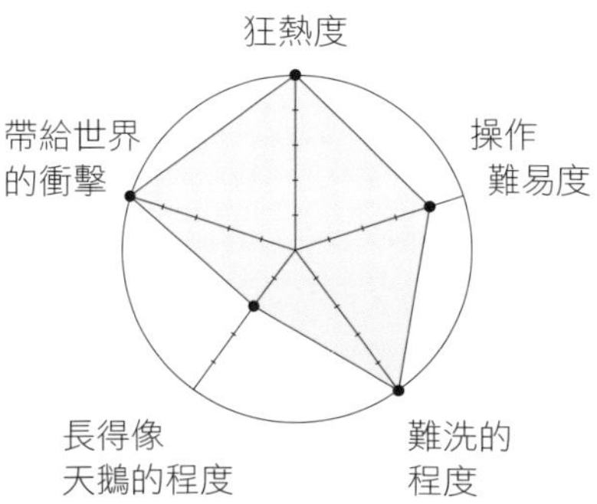
狂熱度
操作
難易度
難洗的
程度
長得像
天鵝的程度
帶給世界
的衝擊

正式名稱 曲頸瓶
擅長技能 否定燃素說
製造年代 18 世紀

〈冷知識〉

這種前端彎曲的曲頸瓶，歷史比一般曲頸瓶更悠久，從煉金術的時代開始，就被當成蒸餾工具使用。

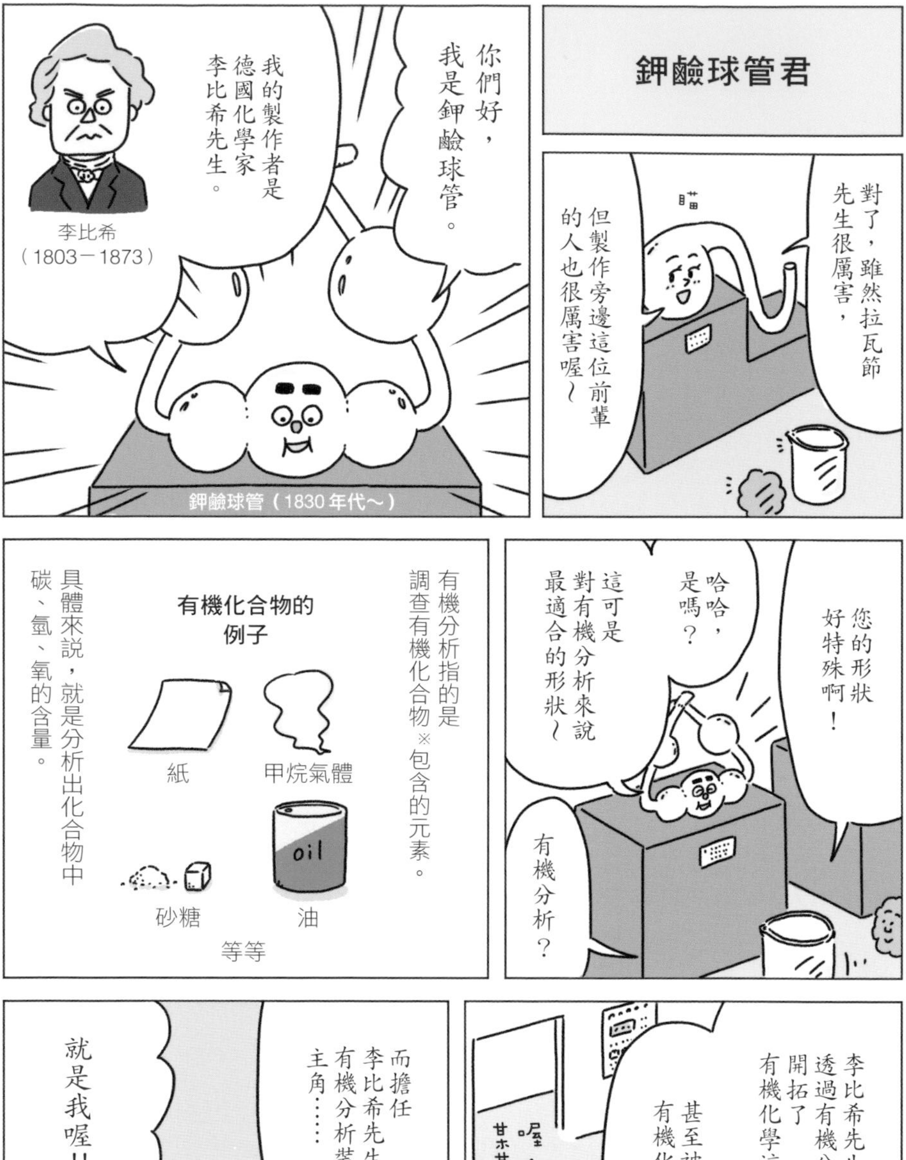
鉀鹼球管君
對了，雖然拉瓦節先生很厲害，
但製作旁邊這位前輩的人也很厲害喔～
瞄
你們好，我是鉀鹼球管。
我的製作者是德國化學家李比希先生。
李比希
（1803－1873）
鉀鹼球管（1830年代～）
您的形狀好特殊啊！
哈哈，是嗎？
這可是對有機分析來說最適合的形狀～
有機分析？
有機分析指的是調查有機化合物※包含的元素。
有機化合物的例子
紙
甲烷氣體
oil
砂糖
油
等等
具體來說，就是分析出化合物中碳、氫、氧的含量。
李比希先生透過有機分析開拓了有機化學這個領域。
甚至被稱為有機化學之父呢！
喔，又出現了，某某之父!!
而擔任李比希先生有機分析裝置的主角……
就是我喔!!

※以碳為主要成分的化合物。

李比希的有機分析裝置（分析 C、H、O）
碳 氫 氧

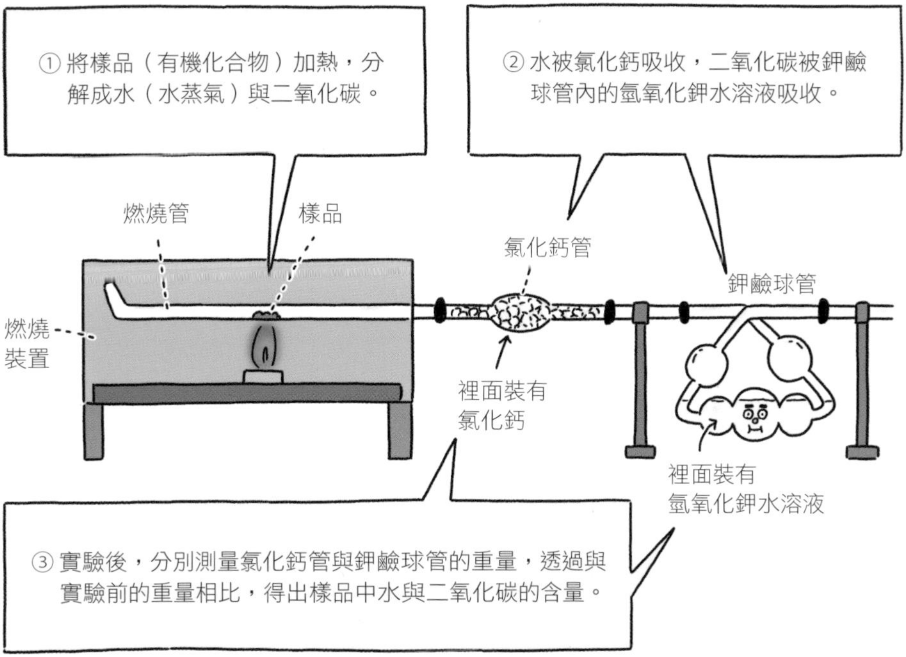
① 將樣品（有機化合物）加熱，分解成水（水蒸氣）與二氧化碳。
② 水被氯化鈣吸收，二氧化碳被鉀鹼球管內的氫氧化鉀水溶液吸收。
燃燒管
樣品
氯化鈣管
鉀鹼球管
燃燒裝置
裡面裝有氯化鈣
裡面裝有氫氧化鉀水溶液
③ 實驗後，分別測量氯化鈣管與鉀鹼球管的重量，透過與實驗前的重量相比，得出樣品中水與二氧化碳的含量。

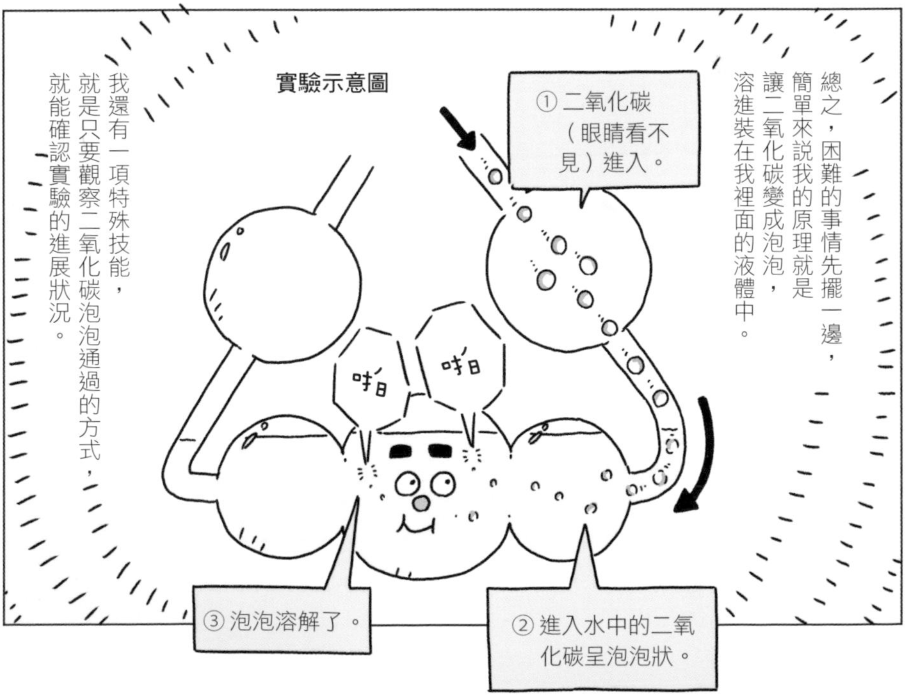
總之，困難的事情先擱一邊，簡單來說我的原理就是讓二氧化碳變成泡泡，溶進裝在我裡面的液體中。
實驗示意圖
① 二氧化碳（眼睛看不見）進入。
啪
啪
② 進入水中的二氧化碳呈泡泡狀。
③ 泡泡溶解了。
我還有一項特殊技能，就是只要觀察二氧化碳泡泡通過的方式，就能確認實驗的進展狀況。

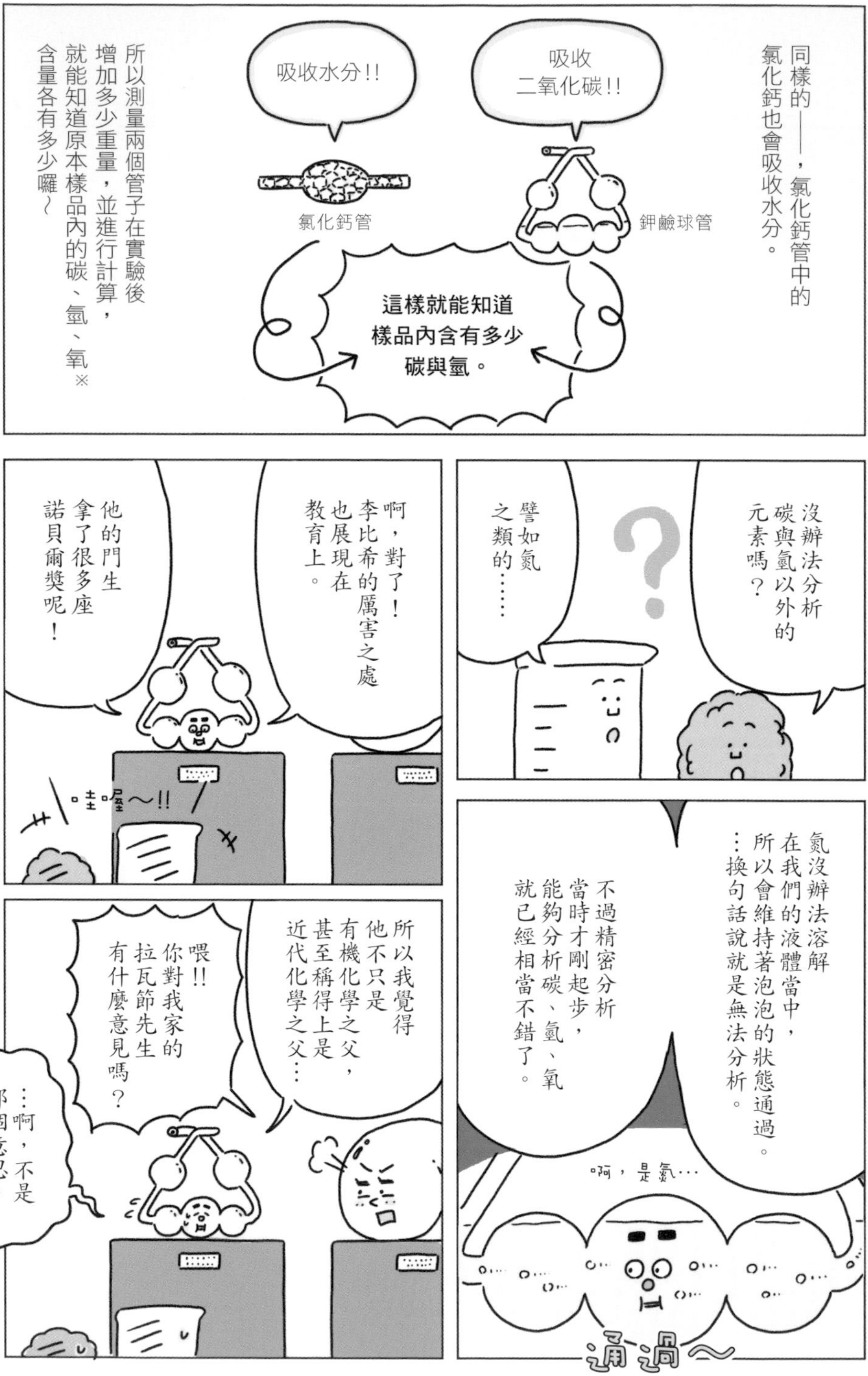
同樣的——，氯化鈣管中的氯化鈣也會吸收水分。
吸收二氧化碳!!
鉀鹼球管
吸收水分!!
氯化鈣管
這樣就能知道樣品內含有多少碳與氫。
所以測量兩個管子在實驗後增加多少重量，並進行計算，就能知道原本樣品內的碳、氫、氧※含量各有多少囉～
沒辦法分析碳與氫以外的元素嗎？
譬如氮之類的……
啊，對了！李比希的厲害之處也展現在教育上。
他的門生拿了很多座諾貝爾獎呢！
哇喔～!!
氮沒辦法溶解在我們的液體當中，所以會維持著泡泡的狀態通過。…換句話說就是無法分析。
不過精密分析當時才剛起步，能夠分析碳、氫、氧就已經相當不錯了。
啊，是氮…
通過～
所以我覺得他不只是有機化學之父，甚至稱得上是近代化學之父…
喂!! 你對我家的拉瓦節先生有什麼意見嗎？
…啊，不是那個意思。

※將原本的樣品重量減去碳與氫的重量。

鉀鹼球管君

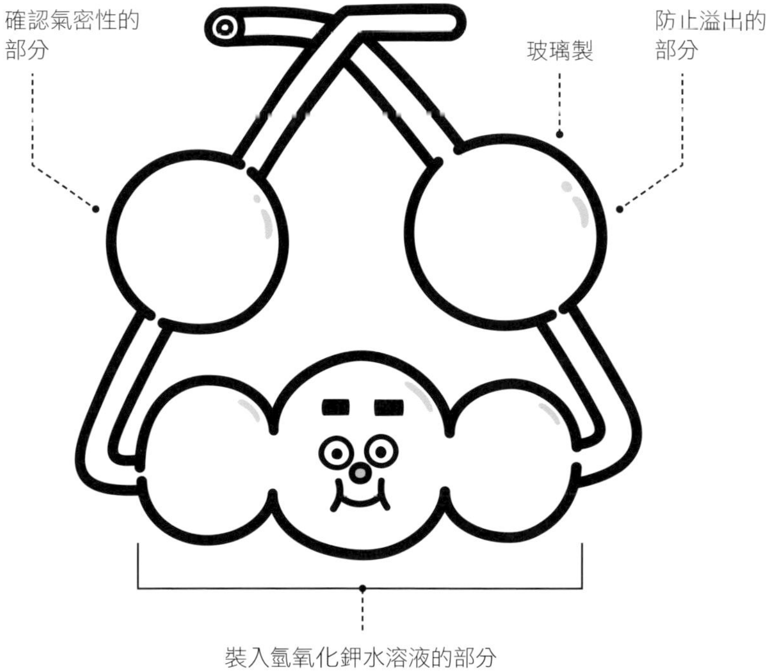
確認氣密性的
部分
玻璃製
防止溢出的
部分
裝入氫氧化鉀水溶液的部分

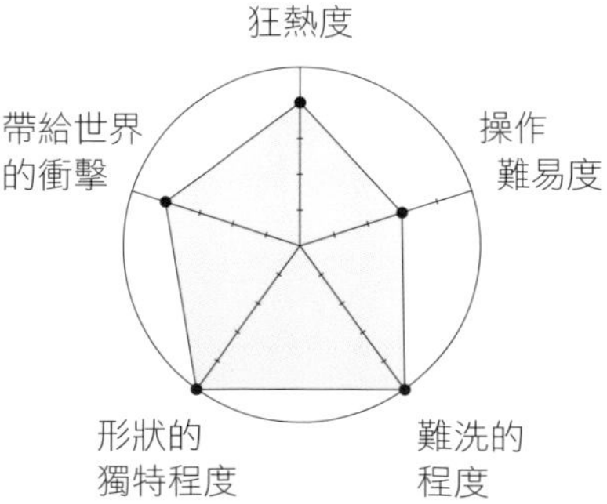
狂熱度
操作
難易度
難洗的
程度
形狀的
獨特程度
帶給世界
的衝擊

正式名稱 鉀鹼球管

擅長技能 能夠裝入氫氧化鉀水溶液

製造年代 1830 年代

〈冷知識〉

美國化學學會（全世界最大的科技學會之一）的標誌，靈感就來自鉀鹼球管。

A
C
S
這個！

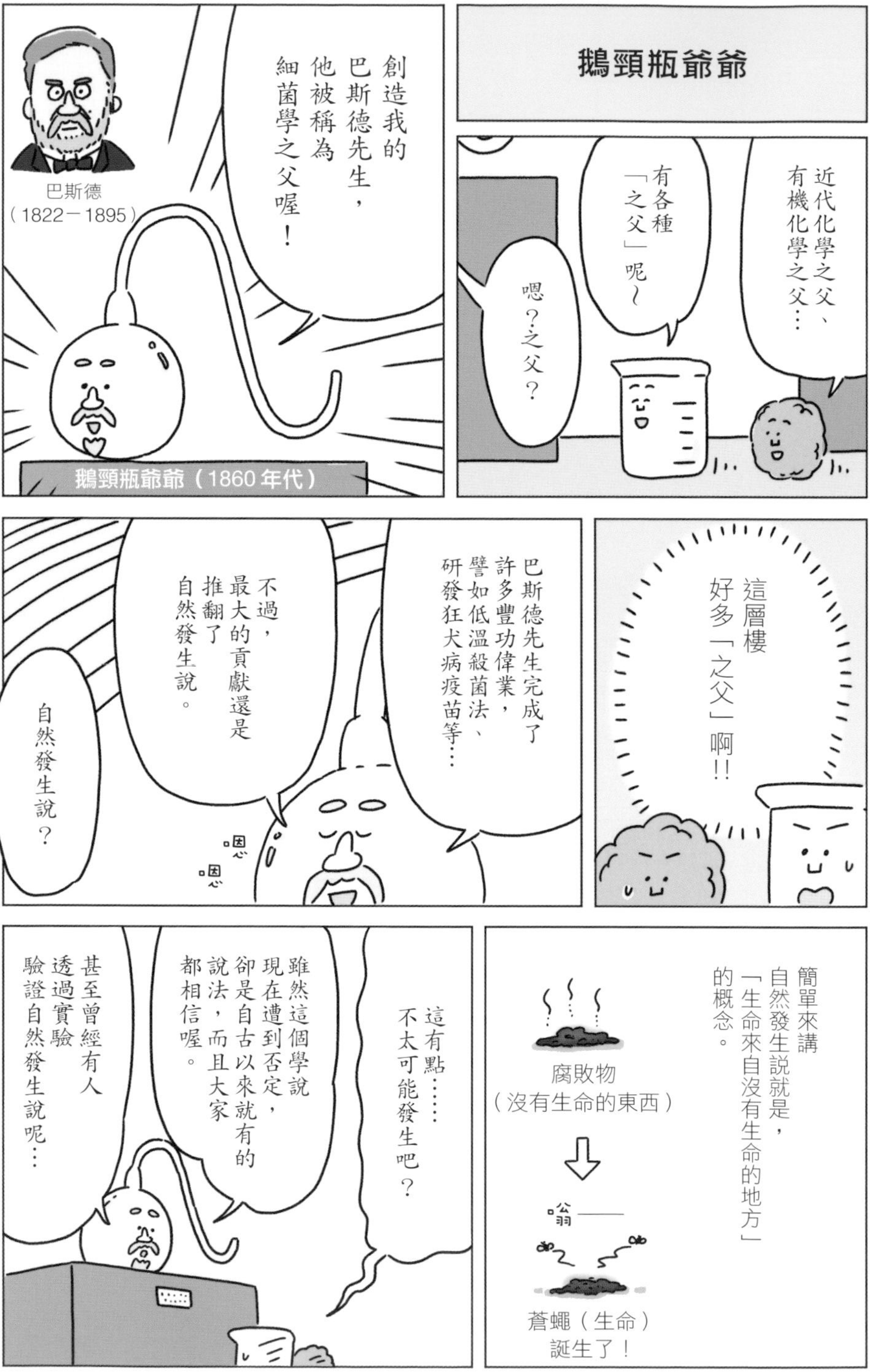

鵝頸瓶爺爺
近代化學之父、有機化學之父…
有各種「之父」呢~
嗯？之父？
創造我的巴斯德先生，他被稱為細菌學之父喔！
巴斯德（1822－1895）
鵝頸瓶爺爺（1860年代）
這層樓好多「之父」啊!!
巴斯德先生完成了許多豐功偉業，譬如低溫殺菌法、研發狂犬病疫苗等…
不過，最大的貢獻還是推翻了自然發生說。
嗯
嗯
自然發生說？
簡單來講自然發生說就是，「生命來自沒有生命的地方」的概念。
腐敗物（沒有生命的東西）
嗡——
蒼蠅（生命）誕生了！
這有點……不太可能發生吧？
雖然這個學說現在遭到否定，卻是自古以來就有的說法，而且大家都相信喔。
甚至曾經有人透過實驗驗證自然發生說呢…

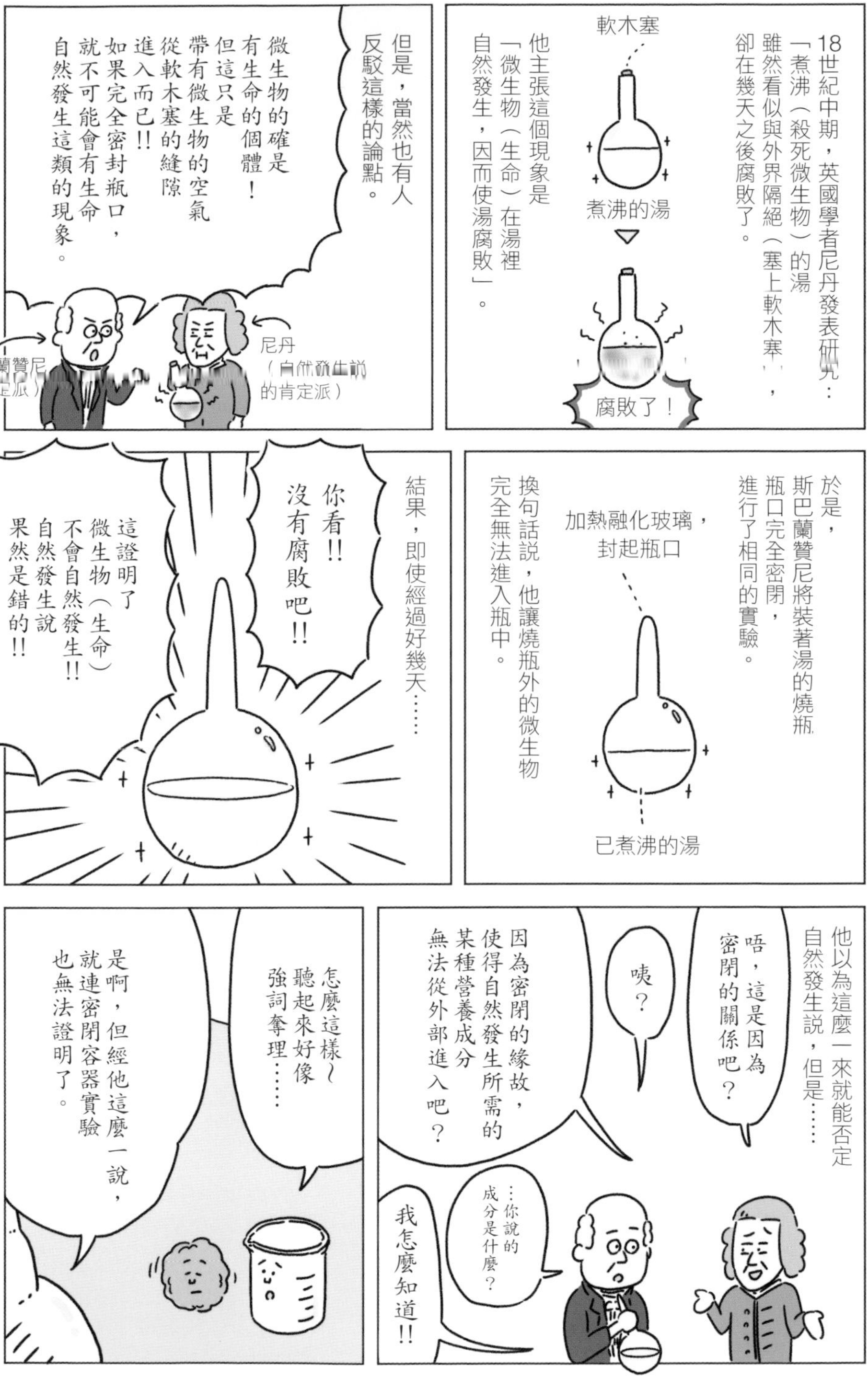
18世紀中期，英國學者尼丹發表研究：「煮沸（殺死微生物）的湯雖然看似與外界隔絕（塞上軟木塞），卻在幾天之後腐敗了。
軟木塞
煮沸的湯
腐敗了！
他主張這個現象是「微生物（生命）在湯裡自然發生，因而使湯腐敗」。
但是，當然也有人反駁這樣的論點。
微生物的確是有生命的個體！
但這只是帶有微生物的空氣從軟木塞的縫隙進入而已!!
如果完全密封瓶口，就不可能會有生命自然發生這類的現象。
斯巴蘭贊尼（否定派）
尼丹（自然發生說的肯定派）
於是，斯巴蘭贊尼將裝著湯的燒瓶瓶口完全密閉，進行了相同的實驗。
加熱融化玻璃，封起瓶口
已煮沸的湯
換句話說，他讓燒瓶外的微生物完全無法進入瓶中。
結果，即使經過好幾天……
你看!!沒有腐敗吧!!
這證明了微生物（生命）不會自然發生!!自然發生說果然是錯的!!
他以為這麼一來就能否定自然發生說，但是……
唔，這是因為密閉的關係吧？
咦？
因為密閉的緣故，使得自然發生所需的某種營養成分無法從外部進入吧？
…你說的成分是什麼？
我怎麼知道!!
怎麼這樣～聽起來好像強詞奪理……
是啊，但經他這麼一說，就連密閉容器實驗也無法證明了。

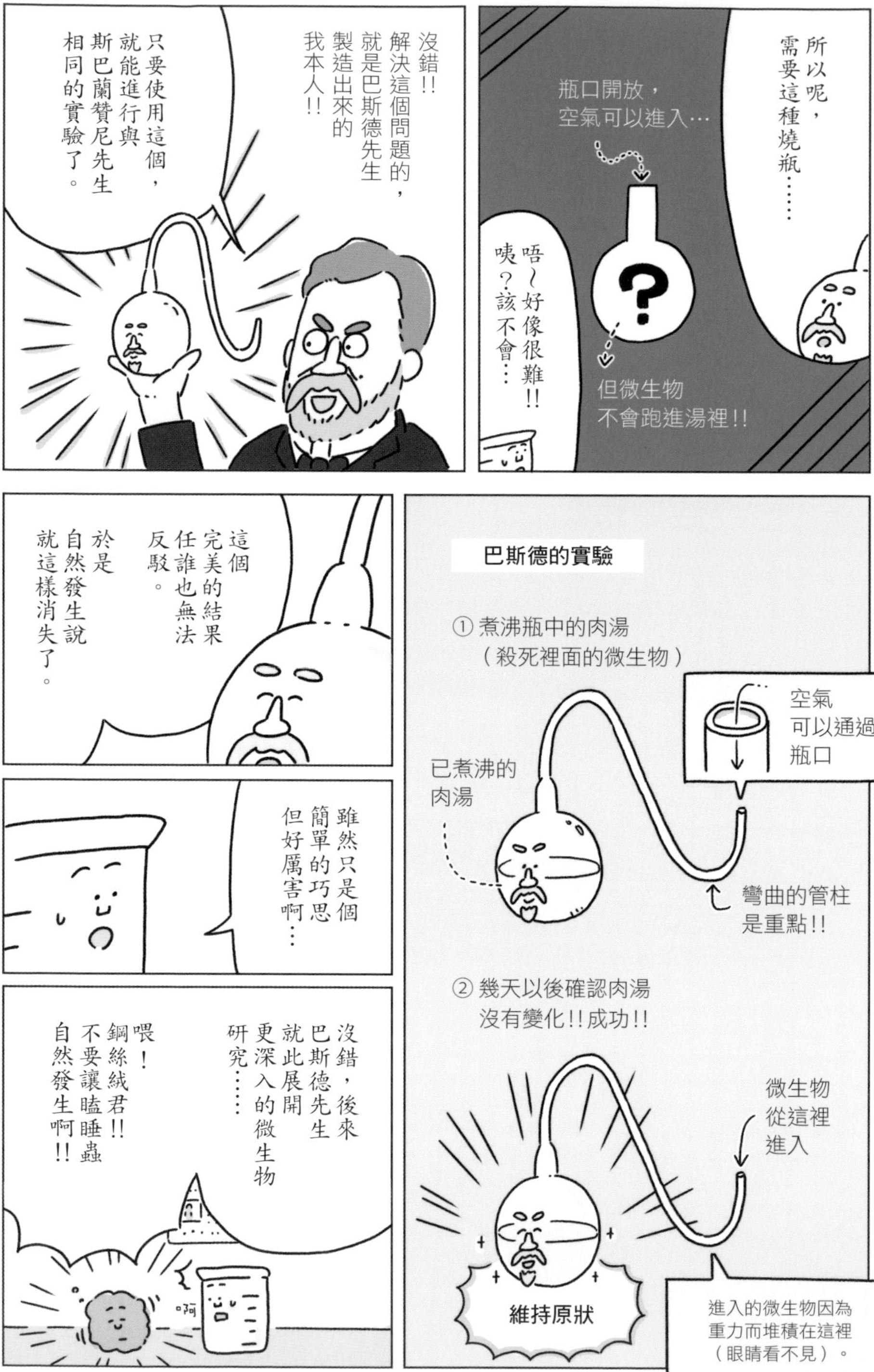
所以呢，需要這種燒瓶……
瓶口開放，空氣可以進入…
但微生物不會跑進湯裡!!
唔～好像很難!!
咦？該不會…
沒錯!! 解決這個問題的，就是巴斯德先生製造出來的我本人!!
只要使用這個，就能進行與斯巴蘭贊尼先生相同的實驗了。
巴斯德的實驗
① 煮沸瓶中的肉湯（殺死裡面的微生物）
空氣可以通過瓶口
已煮沸的肉湯
彎曲的管柱是重點!!
② 幾天以後確認肉湯沒有變化!!成功!!
微生物從這裡進入
維持原狀
進入的微生物因為重力而堆積在這裡（眼睛看不見）。
這個完美的結果任誰也無法反駁。
於是自然發生說就這樣消失了。
雖然只是個簡單的巧思但好厲害啊…
沒錯，後來巴斯德先生就此展開更深入的微生物研究……
喂！鋼絲絨君!! 不要讓瞌睡蟲自然發生啊!!
啊

鵝頸瓶爺爺

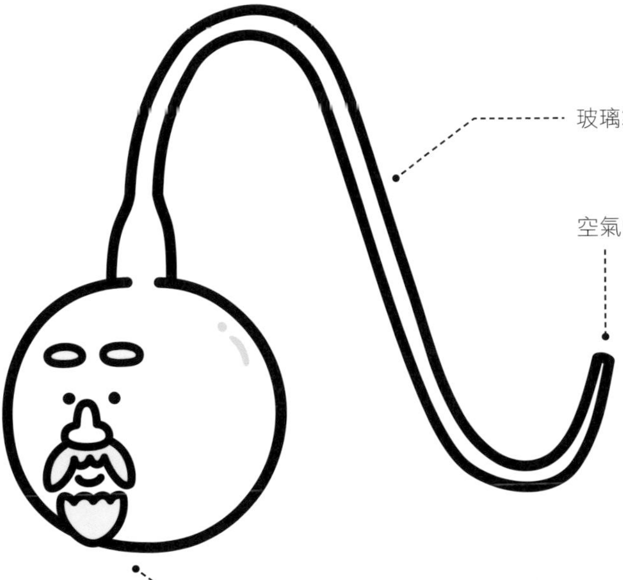
玻璃製
空氣的通道
圓底

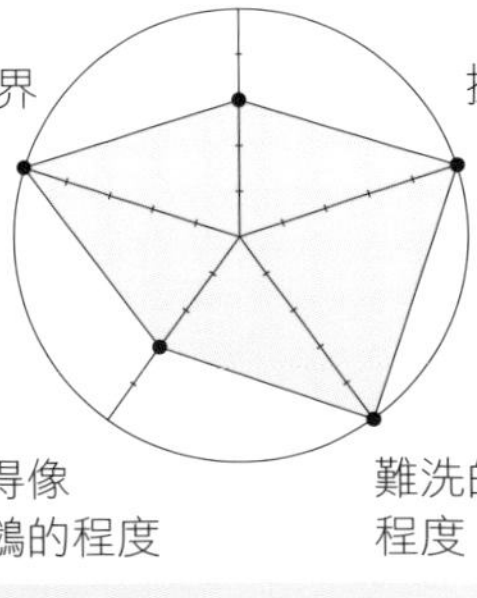
狂熱度
操作
難易度
難洗的
程度
長得像
天鵝的程度
帶給世界
的衝擊

正式名稱 鵝頸瓶
擅長技能 否定自然發生說
製造年代 1860 年代

〈冷知識〉

「低溫殺菌法」※是巴斯德想出的方法，所以也被稱為「巴氏殺菌法」。

※防止食品變質的手法。

龜殼型培養皿君

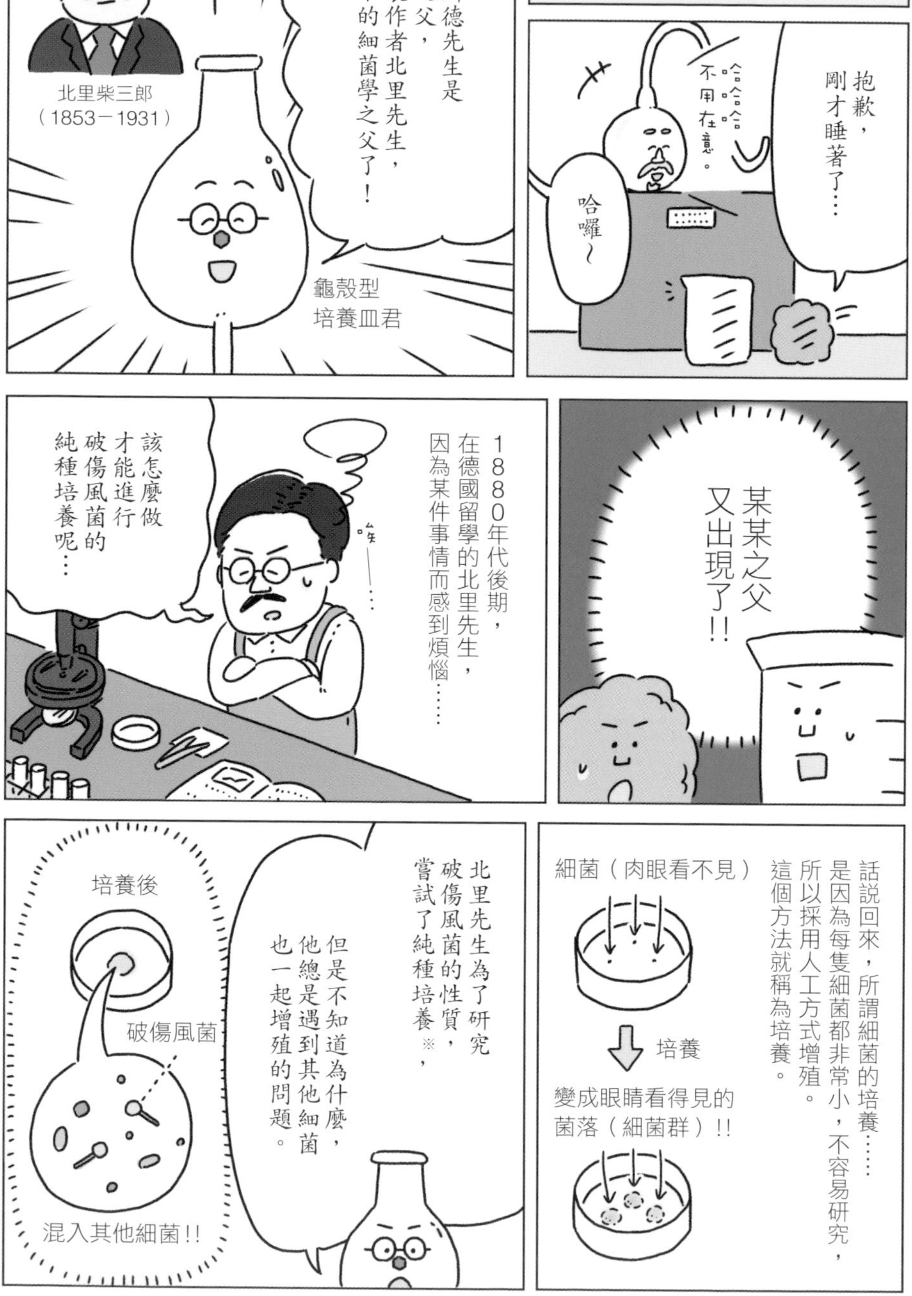
抱歉，剛才睡著了…
哈哈哈
不用在意。
哈囉～
如果巴斯德先生是細菌學之父，那我的製作者北里先生，就是日本的細菌學之父了！
北里柴三郎
（1853－1931）
龜殼型培養皿君
某某之父又出現了!!
1880年代後期，在德國留學的北里先生，因為某件事情而感到煩惱……
該怎麼做才能進行破傷風菌的純種培養呢…
唔——…
話說回來，所謂細菌的培養……是因為每隻細菌都非常小，不容易研究，所以採用人工方式增殖。這個方法就稱為培養。
細菌（肉眼看不見）
培養
變成眼睛看得見的菌落（細菌群）!!
北里先生為了研究破傷風菌的性質，嘗試了純種培養※，
但是不知道為什麼，他總是遇到其他細菌也一起增殖的問題。
培養後
破傷風菌
混入其他細菌!!

※只取單一種類的細胞增殖。

雖然有許多研究人員挑戰這個主題，
但由於真的很困難，所以世界上幾乎沒有人成功。
全世界都沒有人成功嗎!?
甚至連當時知名的細菌學者……
德國細菌學者 弗魯格
破傷風菌不可能進行純種培養!!
所以我建立了這樣的學說。
共生培養說
都如此宣言。
但是，北里先生持續研究，完全沒有放棄。就在1889年某天……
只要換個做法，改用試管培養並加熱，其他雜菌就消失了!!
不過不知道為什麼，底部生成的菌量比表面還多就是了……
嗯？該不會…
難道，破傷風菌不喜歡空氣……？
如果在沒有空氣的狀態下，就算不是試管也能培養!?※
這類細菌被稱為「厭氧菌（不需要氧氣的細菌）」，現在已經成為細菌學的常識。
不過就當時而言可說是個大發現呢！
北里先生幹得好!!

※他試圖以一般平面容器來培養。

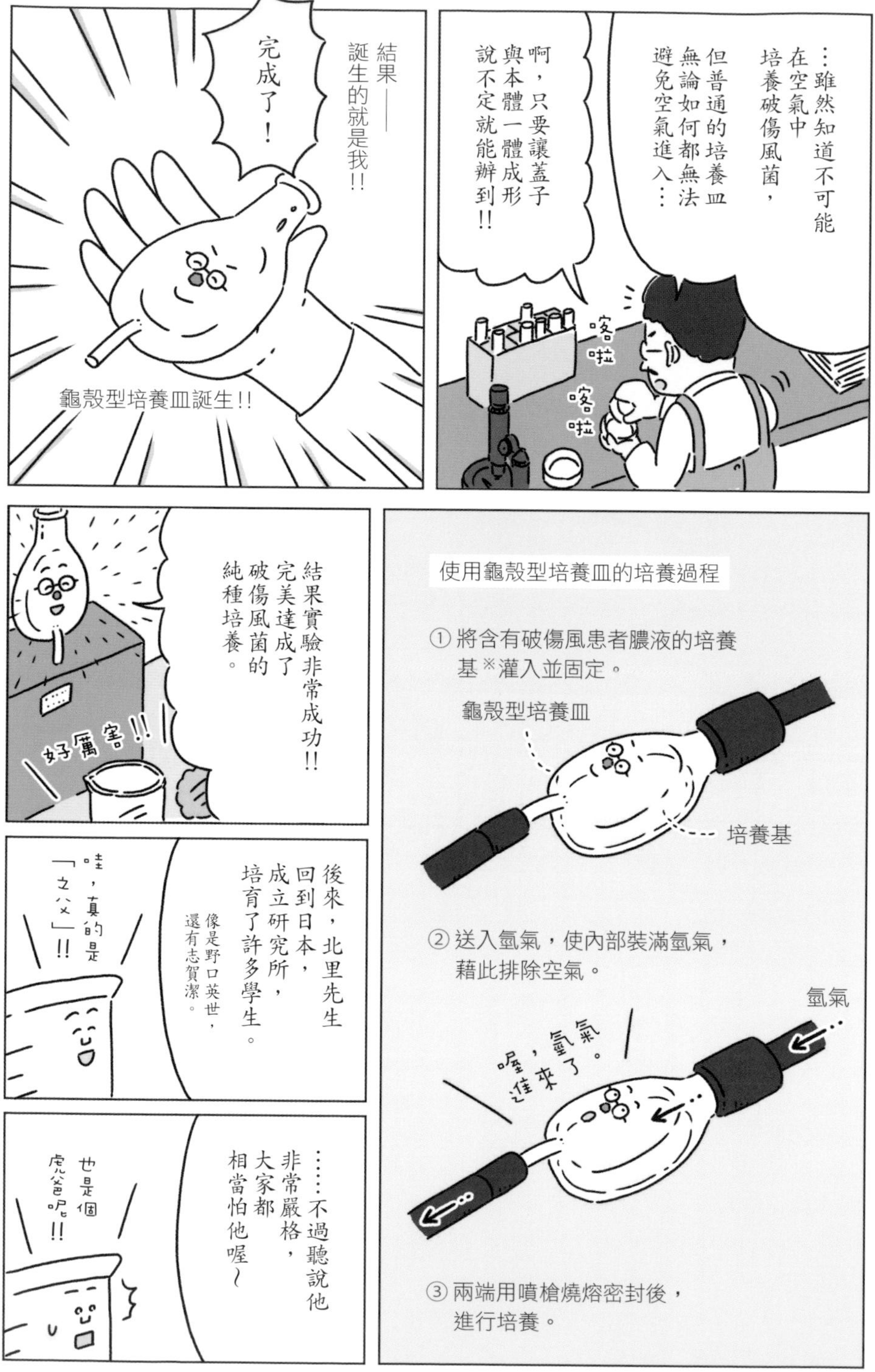
……雖然知道不可能
在空氣中
培養破傷風菌，
但普通的培養皿
無論如何都無法
避免空氣進入……
啊，只要讓蓋子
與本體一體成形
說不定就能辦到!!
喀啦
喀啦
結果——
誕生的就是我!!
完成了！
龜殼型培養皿誕生!!
使用龜殼型培養皿的培養過程
① 將含有破傷風患者膿液的培養基※灌入並固定。
龜殼型培養皿
培養基
② 送入氫氣，使內部裝滿氫氣，藉此排除空氣。
氫氣
喔，氫氣進來了。
③ 兩端用噴槍燒熔密封後，進行培養。
結果實驗非常成功!!
完美達成了
破傷風菌的
純種培養。
好厲害!!
後來，北里先生
回到日本，
成立研究所，
培育了許多學生。
像是野口英世，
還有志賀潔。
哇，真的是
「之父」!!
……不過聽說他
非常嚴格，
大家都
相當怕他喔～
也是個
虎爸呢!!

※含有讓細菌增殖的必要成分的物質。

龜殼型培養皿君

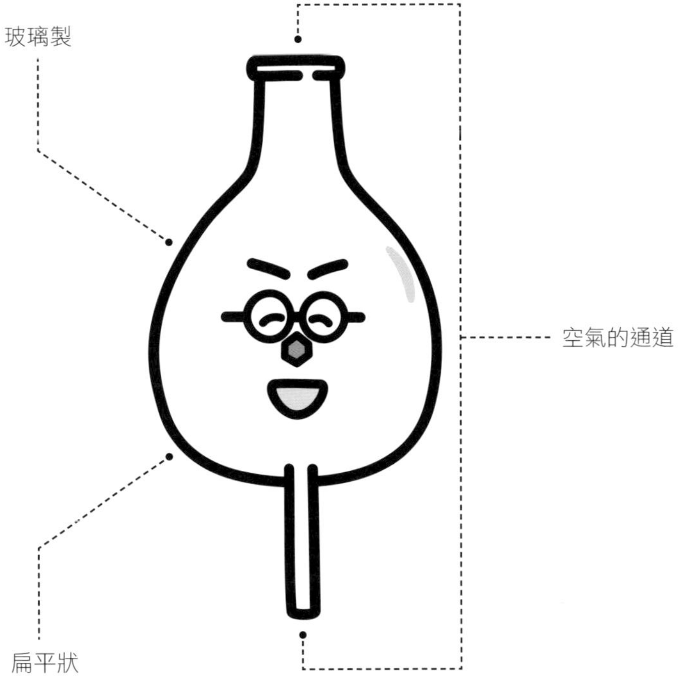
玻璃製
空氣的通道
扁平狀

狂熱度
操作
難易度
難洗的
程度
長得像
烏龜的程度
帶給世界
的衝擊

正式名稱 龜殼型培養皿

擅長技能 培養厭氧細菌

製造年代 19 世紀後期

〈冷知識〉

製作者北里先生的細菌相關研究受到好評，在第一屆的諾貝爾獎中獲得提名。

特別收錄

前輩圖鑑

來看看前輩們的英姿吧！

這本書裡出現的前輩，全部都是實際使用過的器材。許多前輩在畫中留下身影，但也有很多保留了實體與複製品的前輩。這裡盡可能以照片呈現這些前輩的樣貌。去博物館這類的地方時，不妨找找前輩的身影，探望一下他們喔！

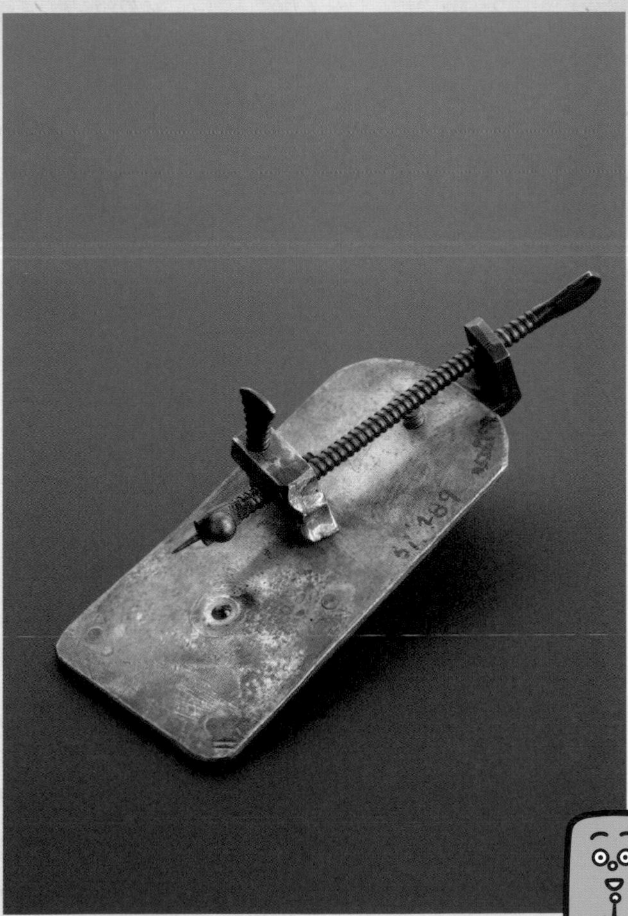

雷文霍克顯微鏡

（圖片來源：Wellcome Library, London）

虎克顯微鏡

（圖片來源：達志影像）

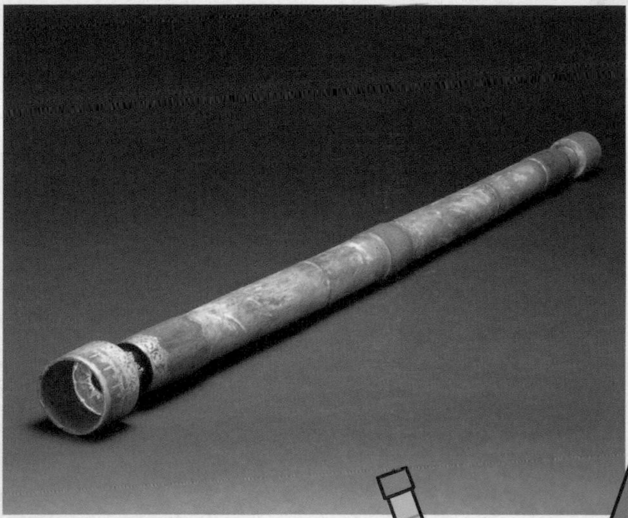

伽利略式望遠鏡

（圖片來源：Science Museum Group）

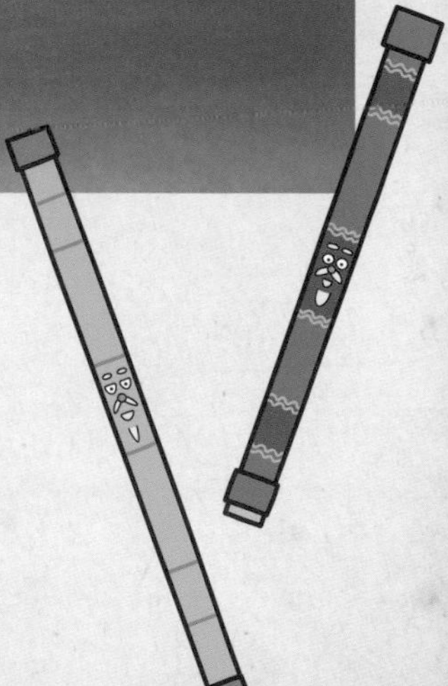

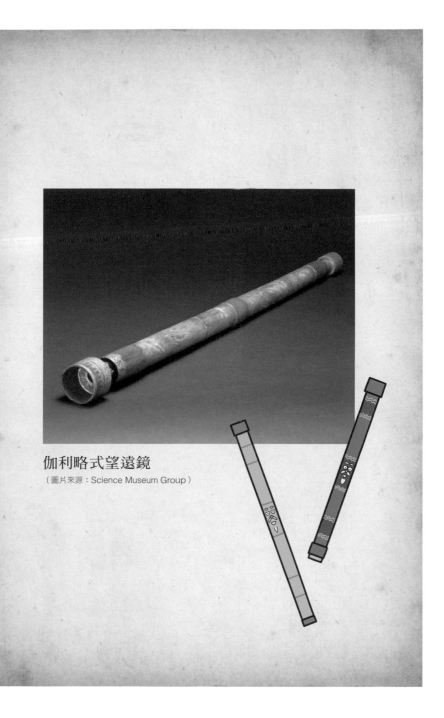

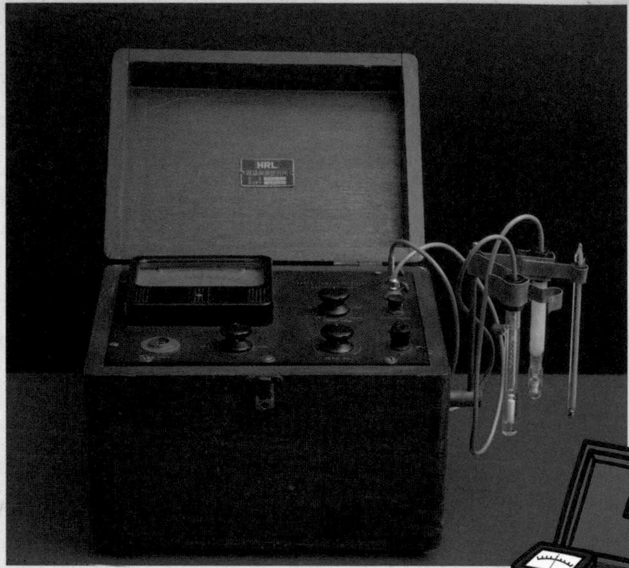

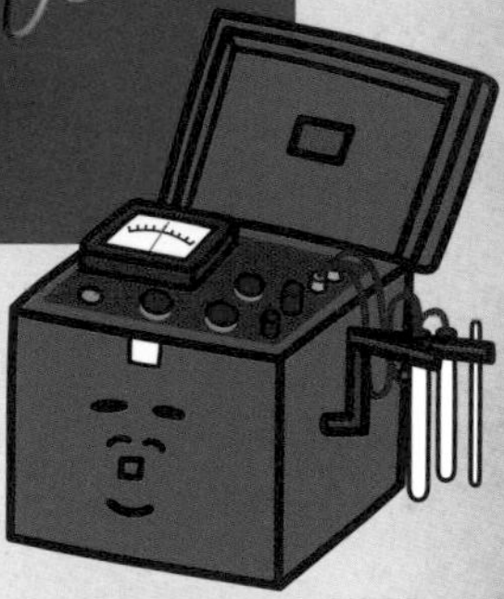

第一代pH計

（圖片來源：株式會社堀場製作所）

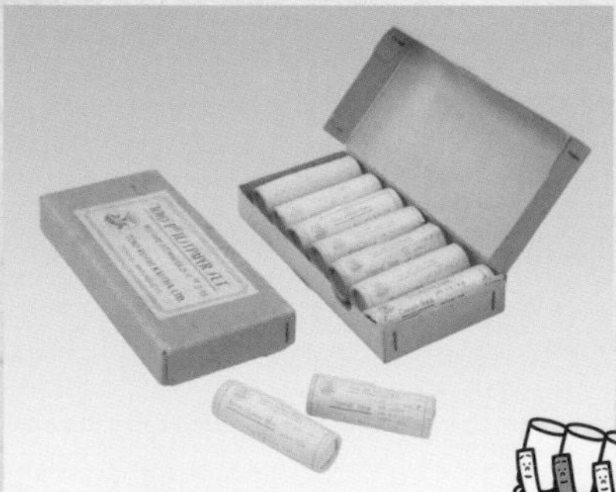

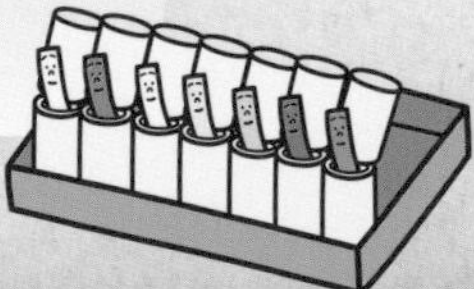

第一代pH廣用試紙

（圖片來源：ADVANTEC 東洋株式會社）

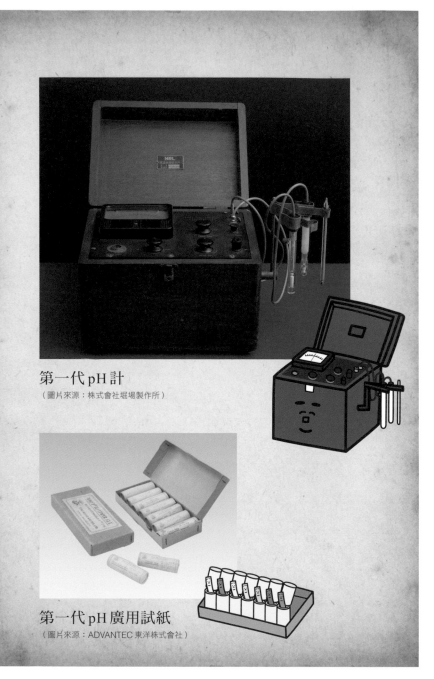

日本公斤原器

（圖片來源：日本國立研究開發法人產業技術綜合研究所）

公斤原器運輸容器

（圖片來源：日本國立研究開發法人產業技術綜合研究所）

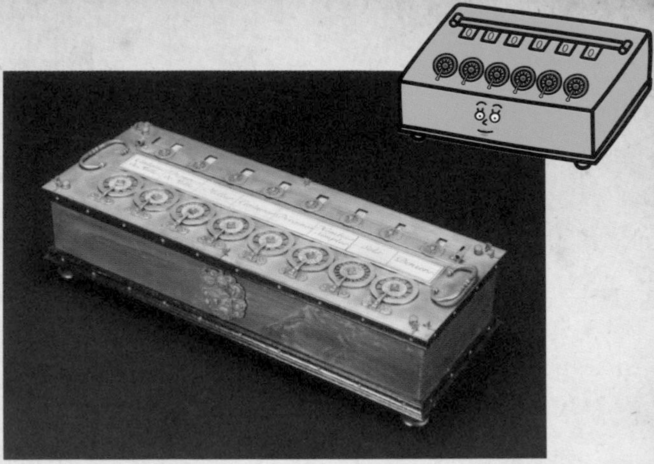

巴斯卡加法器

（圖片來源：日本國立科學博物館）

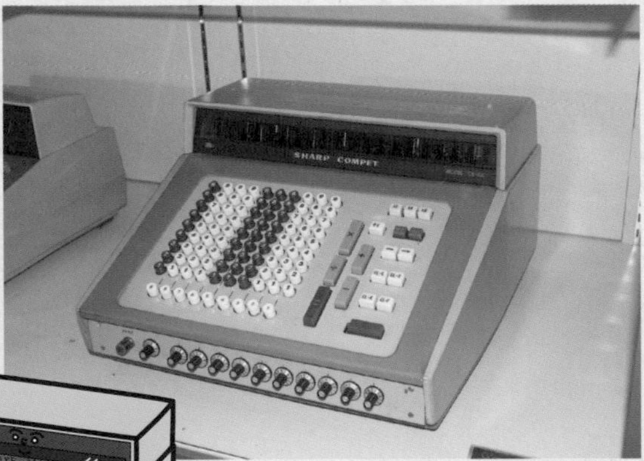

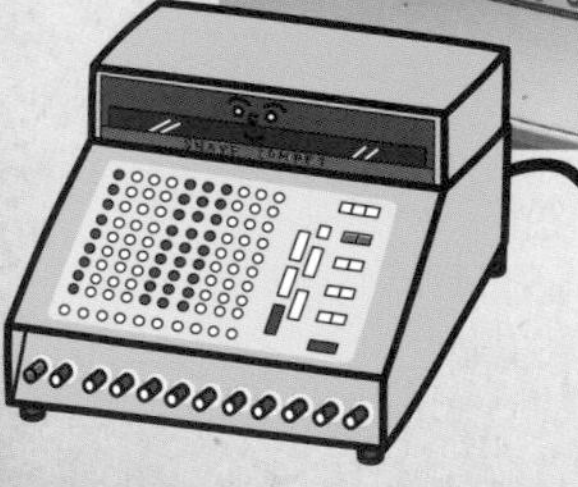

電晶體計算機 CS-10A

（圖片來源：東京理科大學）

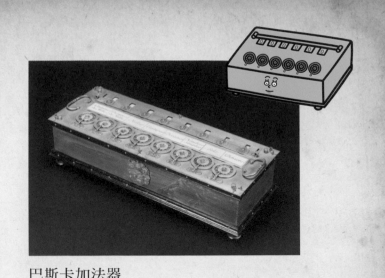

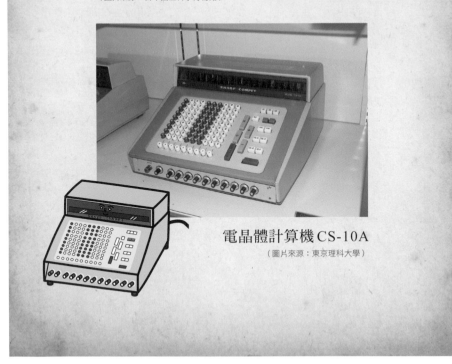

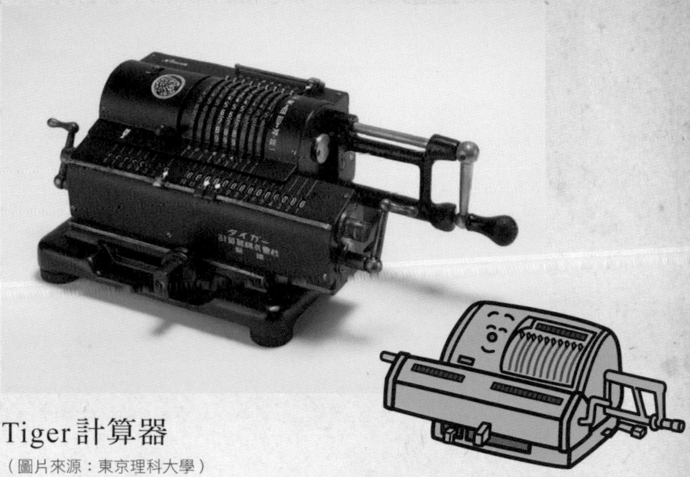

Tiger計算器

（圖片來源：東京理科大學）

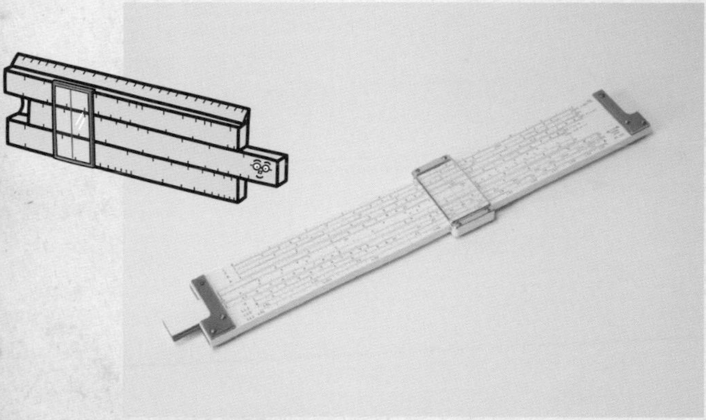

HEMMI計算尺

（圖片來源：東京理科大學）

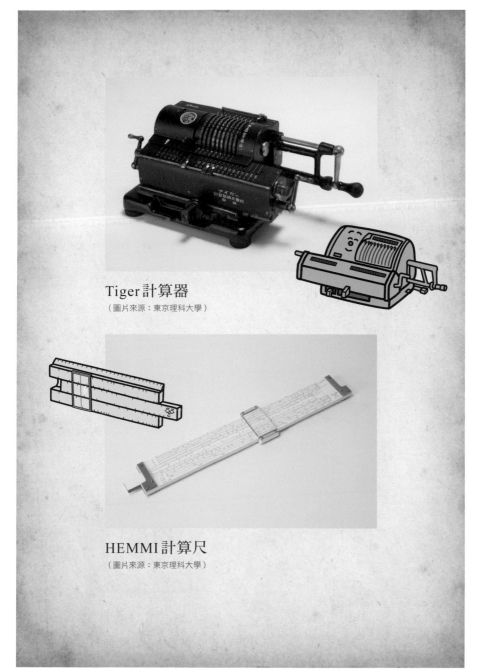

屋井乾電池

（圖片來源：東京理科大學）

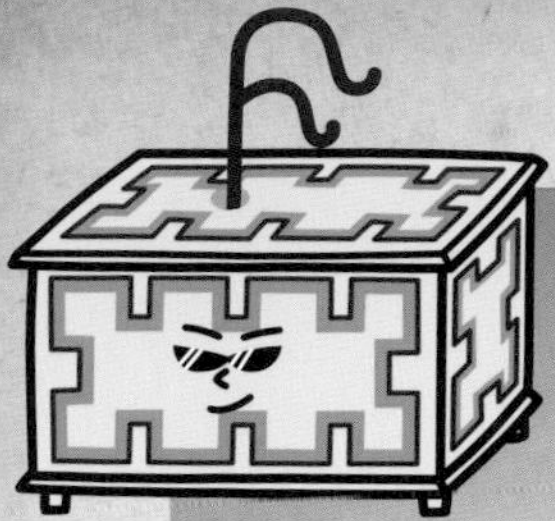

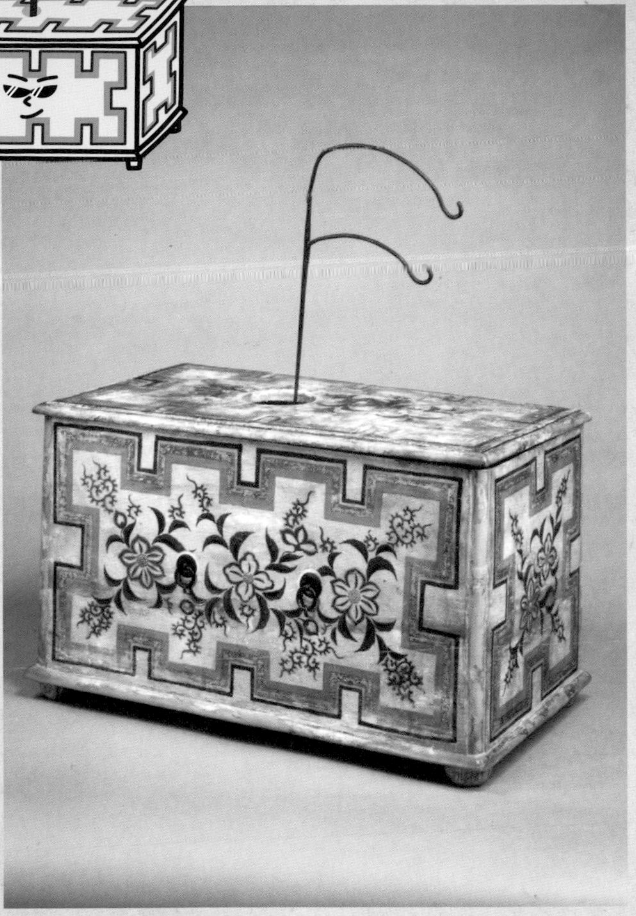

靜電產生器

（圖片來源：日本郵政博物館）

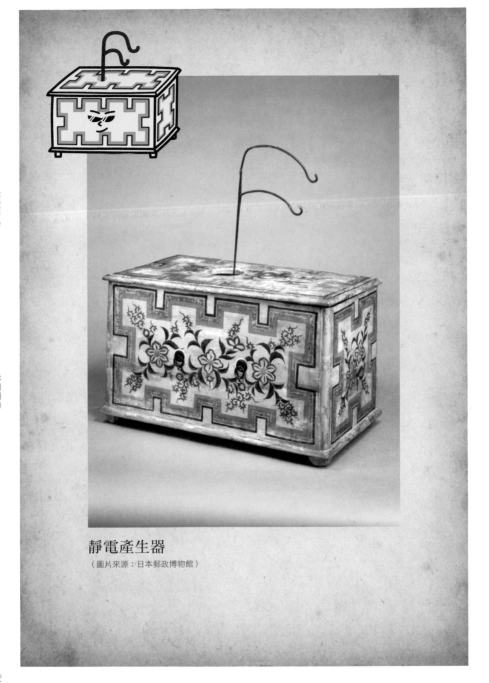

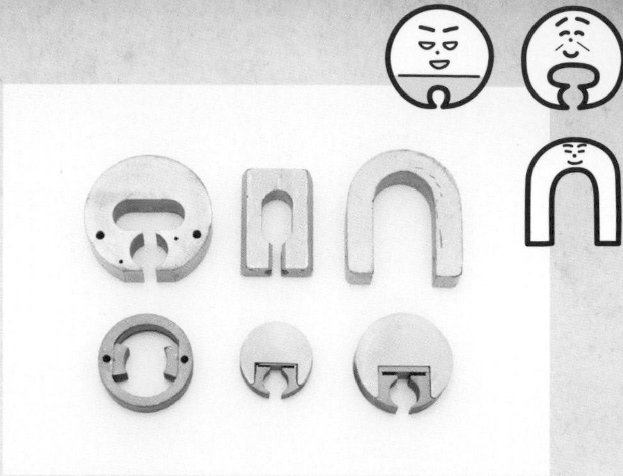

KS 鋼
（圖片來源：日本東北大學金屬材料研究所）

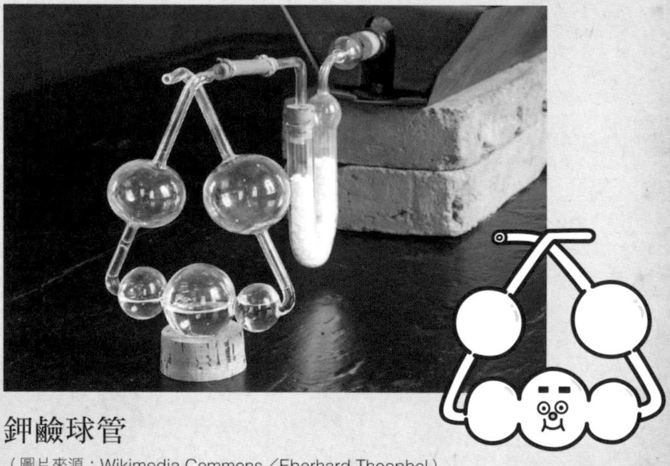

鉀鹼球管
（圖片來源：Wikimedia Commons／Eberhard Theophel）

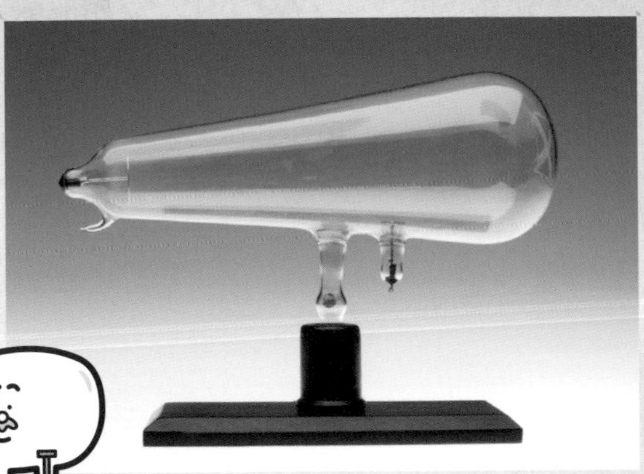

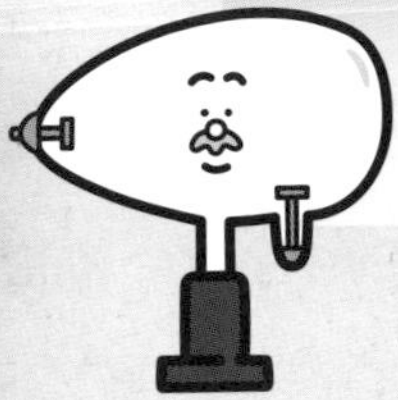

克魯克斯管

（圖片來源：Science Museum Group）

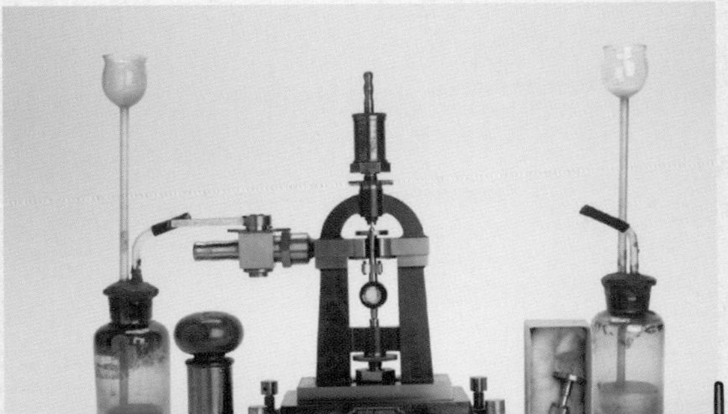

傳科的旋轉鏡

（圖片來源：東京大學駒場博物館）

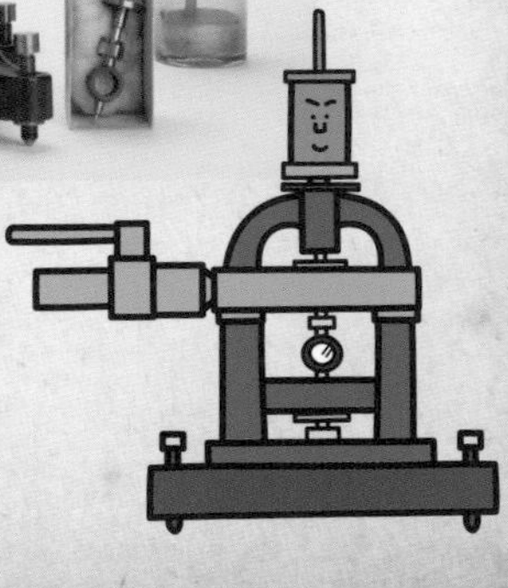

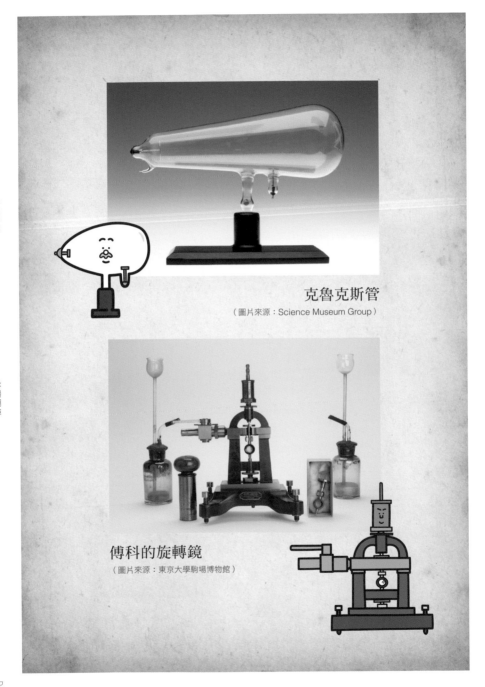

結語
嘎——
嘎——
呼——
總之，全部都參觀了呢！
真是有趣啊～
叭噗
結果，我的前輩不在這裡啊……
……啊！
是我的前輩!!
咦？什麼什麼？
怎麼了？

格里芬先生
最初製作的
燒杯（示意圖）
（1802－1877）
英國化學家，也販賣化學實驗裝置。不同於高型燒杯的普通燒杯，就是他想出來的。
咦 這座銅像是燒杯君的前輩嗎？
不不，他說的是這座銅像手裡拿的燒杯。
他的名字是……格里芬先生嗎……？
這也是為什麼我的別名就叫做格里芬燒杯啊——
我決定了！
為了不輸給這些偉大的前輩，以後也要努力做實驗!!
同意!!

有機會見到哪些前輩呢？

展示實驗器材的博物館列表

※詳細資訊請到各博物館的官方網站確認。

⊙奧林巴斯博物館

〒192－8507

東京都八王子市石川町 2951　奧林巴斯株式會社技術開發中心石川內

開館時間：10:00～15:00（最後入館時間為 14：30）

休館日：週六、週日、國定假日、日本年底及新年假期、公司放假日

門票：免費

網站：https://www.olympus.co.jp/technology/olympusmuseum/

※採取預約參觀制。

⊙金澤大學資料館

〒920－1192

金澤市角間町金澤大學角間校區內

開館時間：10:00～16:00

休館日：週六、週日、國定假日、日本年底及新年假期

門票：免費

網站：https://museum.kanazawa-u.ac.jp

⊙科學技術館

〒1102－0091

東京都千代田區北之丸公園 2 番 1 號

開館時間：9:30～16:50（最後入館時間為 16:00）

休館日：部分週三（若遇國定假日則休下一個平日）、日本年底及新年假期

門票：成人 880 日圓、國高中生 500 日圓、兒童（4 歲以上）400 日圓

網站：http://www.jsf.or.jp/index.php

⊙國土交通省氣象廳 氣象測定器檢定試驗中心 氣象測器歷史館

〒305－0052

筑波市長峰 1-2

開館時間：10:00～16:00

休館日：週六、週日、國定假日、日本年底及新年假期

門票：免費

網站：https://www.i-step.org/tour/lab/?id=21

※採取預約參觀制。

⊙九州大學綜合研究博物館
〒812－8581
福岡市東區箱崎 6-10-1
開館時間：—
休館日：截至 2020 年 11 月，因疫情而休館中
門票：免費
網站：http://www.museum.kyushu-u.ac.jp/index.html

⊙近代科學資料館（東京理科大學）
〒162－8601
東京都新宿區神樂坂 1-3 東京理科大學神樂坂校區內
開館時間：—
休館日：2019 年 4 月起休館中
門票：—
網站：https://www.tus.ac.jp/info/setubi/museum/index.html
※截至 2020 年 11 月，本館仍因整修而休館中。

⊙日本國立科學博物館
〒110－8718
東京都台東區上野公園 7-20
開館時間：9:00～17:00（最後入館時間為 16:30）、
9:00～20:00（週五、週六，最後入館時間為 19:30）
休館日：每週一（如遇假日則休週二）、日本年底及新年假期
※夏季、黃金周期間可能延長休館日。
門票：成人／大學生 630 日圓、高中生以下免費
網站：https://www.kahaku.go.jp/

⊙島津製作所創業記念資料館
〒604－0921
京都市中京區木屋町二條南
開館時間：10:30～15:30（最後入館時間為 14:45）
休館日：週三、週六、周日、國定假日、日本年底及新年假期
門票：成人 300 日圓、國高中生 200 日圓、小學生以下免費
網站：https://www.shimadzu.co.jp/visionary/memorial-hall/
※因受疫情影響，自 2020 年 7 月 13 日起，採取預約參觀制（提前三天）。

⊙東京大學駒場博物館
〒153－8902
東京都目黑區駒場 3-8-1
開館時間：—
休館日：截至 2020 年 11 月，因疫情而休館中。
門票：免費
網站：http://museum.c.u-tokyo.ac.jp/

致謝辭

製作本書時，獲得許多有關人員莫大的協助。
因為各位爽快的接受採訪、提供器材照片，
才能完成這本出色的書籍（自己這麼説似乎有點厚臉皮⋯⋯）。
真的非常感謝。

我想，日後還有需要麻煩各位的地方。
今後也請多多指教。

圖片來源、採訪協助者名單

ADVANTEC 東洋株式會社

一般社團法人日本科學機器協會

一般社團法人日本分析機器工業會

大阪市立科學館

株式會社堀場製作所

日本氣象廳　氣象測器檢定試驗中心　氣象測器歷史館

日本東北大學金屬材料研究所

日本國立研究開發法人產業技術綜合研究所

東京大學駒場博物館

東京理科大學

日本郵政博物館

參考文獻

- 以撒．艾西莫夫，化學的歷史，筑摩書房（2010）
- 伊藤和行，伽利略：望遠鏡發現的宇宙，中央公論新社（2013）
- 內山昭，計算機歷史物語，岩波書店（1983）
- 太田浩司等人（監修），江戶的科學大圖鑑，河出書房新社（2016）
- 化學史學會（編），化學史的邀請，Ohmsha（2019）
- 金子務，伽利略的辦公室，筑摩書房（1991）
- 小山慶太，科學史人物事典，中央公論新社（2016）
- 小山慶太，牛頓的秘密盒子，丸善（1988）
- 瑪拉藍（原著）／野本陽代（譯），
  伽利略：宗教與科學之間，大月書店（2007）
- 尚皮耶．莫里（原著）／田中一郎（監修）／遠藤ゆかり（譯），
  牛頓：天體力學的新紀元，創元社（2008）
- 高戶武雄等人（編），理化器械百年之路，島津理化器械株式會社（1977）
- 高橋雄造，電氣的歷史，東京電機大學出版局（2011）
- 竹內伸，從實物來看電腦歷史，東京書籍（2012）
- 塚原東吾（編），科學儀器的歷史：望遠鏡與顯微鏡，日本評論社（2015）
- 東京科學博物館（編），江戶時代的科學，名著刊行會（1969）
- 中島秀人，被牛頓抹殺的男人，KADOKAWA（2018）
- 永平幸雄．川合葉子（編著），近代日本與物理實驗器材，
  京都大學學術出版會（2011）
- 橋本毅彥等人（監譯），科學大博物館，朝倉書店（2005）
- 平田寬，科學的考古學，中央公論社（1979）
- 平野隆彰，創立夏普的男人：早川德次傳，日經BP出版中心（2004）
- 廣田襄，現代化學史，京都大學學術出版會（2013）
- 分析儀器．科學器材遺產編輯委員會（編），
  支撐科學與產業發展的分析儀器．科學器材遺產，
  日本分析儀器工業會．日本科學器材協會（2017）
- 佩吉．A．凱韋爾等人（原著）／渡邊了介（譯），
  圖解數位計算工具史：從算盤到電腦，JustSystems（1995）
- 梅爾．費德曼等人（原著）／鈴木邑（譯），
  怪才、偶然與醫學大發現：改變歷史的十項醫學成就，牛頓出版社（2000）
- 山崎岐男，孤高的科學家，W.C. 倫琴，醫療科學社（1995）
- 雷納．曼羅迪諾（原著）／水谷淳（譯），
  科學大歷史：人類從走出叢林到探索宇宙，從學會問「為什麼」到破解自然定律的心智大躍進，河出書房新社（2016）
- 羅伯特．虎克（原著）／板倉聖宣等人（譯），顯微圖譜：微觀世界圖說，
  假說社（1984）
- 渡邊啟．竹內敬人，化學史觀止，東京書籍（1992）

作者：上谷夫婦
生於日本奈良縣，現居神奈川縣。是一對原為化妝品製造商研究員的先生和非理工出身的太太所組成的夫妻檔。最愛吃京都拉麵。主要著作有《燒杯君和他的夥伴》、《燒杯君和他的化學實驗》（遠流）等。最喜歡的實驗器材還是燒杯，最喜歡的實驗是抽氣過濾實驗。喜歡的實驗器材前輩是計算尺。

監修：岡本拓司
東京大學大學院綜合文化研究科科學史．科學哲學研究室教授。以科學技術與大學歷史為中心進行研究。著作有《科學與社會——戰前日本的國家．學問．戰爭諸相》（科學社）等。喜歡的實驗器材前輩是傅科的旋轉鏡。

撰文：山村紳一郎
科學作家。出生東京都。日本東海大學海洋學系畢業後，經歷雜誌記者和攝影等職，並從事科學技術與科學教育之取材暨執筆。為介紹和啟發「有趣、易懂、觸感佳和有夢想的科學」而努力。2004 年起，也在日本和光大學擔任鐘點講師。喜歡的實驗器材是錐形燒杯。喜歡的實驗是振盪反應。

Writer　　山村紳一郎
Designer　佐藤アキラ

國家圖書館出版品預行編目（CIP）資料

燒杯君和他的偉大前輩／上谷夫婦著；林詠純譯.
--初版. --臺北市：遠流，2020.12
160 面；14.8×21 公分
ISBN　978-957-32-8898-5（平裝）

1. 化學實驗　2. 試驗儀器

347.02　　　　109015887

燒杯君和他的偉大前輩

作者／上谷夫婦
譯者／林詠純

責任編輯／盧心潔
特約美編／顏麟驊
封面設計／趙　璦
出版六部總編輯／陳雅茜

發行人／王榮文
出版發行／遠流出版事業股份有限公司
臺北市中山北路一段11號13樓
郵撥：0189456-1　電話：02-2571-0297　傳真：02-2571-0197
遠流博識網：www.ylib.com　電子信箱：ylib@ylib.com
ISBN／978-957-32-8898-5
2020 年 12 月 1 日初版一刷
2023 年 08 月 25日初版三刷

定價．新臺幣 330 元